高等职业教育建筑与规划类专业
"十四五"数字化新形态教材
住房和城乡建设领域
"十四五"热点培训教材

# 村　　　庄
# 人居环境
# 综合整治

主　编　陈　芳　廖雅静
　　　　　　　　刘　龙
主　审　　　　　刘海波

中国建筑工业出版社

# 前　言

　　"乡村振兴，关键在人"，在宜居宜业和美乡村建设背景下，越来越多的建筑与规划类毕业生成为懂农业、爱农村、爱农民的"三农"工作人才，踏上了与村庄人居环境综合整治相关的工作岗位。

　　教材团队通过多年的高职建筑与规划类相关专业的教学和乡村规划建设管理人员培训工作实践，形成了围绕村庄人居环境综合整治工作的教学讲义。综合《农村人居环境整治三年行动方案》（2018年2月）和《农村人居环境整治提升五年行动方案（2021—2025年）》的具体工作任务、设计下乡实践、乡村规划建设与管理的实际需求，对接村镇规划建设与管理人才岗位的工作任务及职业能力要求，构建了以"村庄风貌整治""村庄农宅风貌整治""村庄景观空间营造""村庄道路交通优化""村庄公共服务配套""村庄环卫设施治理""村庄水体环境保护"七个教学项目为载体的教材核心内容。

　　教材团队联合企业梳理"村庄人居环境综合整治"真实工作过程，遴选"湘潭市阳塘村人居环境综合整治"典型工作任务，建设"数字村庄"三维实景交互模型，科学提炼应知应会知识点、技能点与重难点，以工作过程为导向，采用任务驱动，创设了"案例导入－任务准备－任务实施－任务评价－思考总结"五段结构的工作手册式教材。建设了包括任务书、工作计划表、调研清单、评价表等文本资源与知识技能微课、课件等在内的"能学辅教"的立体教学资源，满足现代信息技术与传统教学多手段运用相结合的教学需求。项目载体、任务驱动的"工作手册式＋融媒体"新形态教材，能较好地适应项目化、模块化的教学模式。

　　教材核心内容共七个项目，各项目基本以【实地调研】-【现状分析】-【整治策略】-【整治方案】四步细化为多个操作步骤，内容包括工作原理、方法、内容和成果展示；在任务实施阶段按工作流程时序编入应知应会的知识点、技能点，融入必备素养与品质；"知识链接"汇入行业新技术、新材料、新设备、新工艺和新规范等。充分体现了工学结合、教学做合一，实现工作内容与教学内容相融合、工作过程与学习过程相统一。

　　案例导入在讲述工程案例的同时，营建主题式课程思政情境，助力素质培养，落实立德树人根本任务，使育人与育才结合。通过嵌入饱含思政内涵的工程案例导读，将课程思政映射任务准备、任务实施及评价全过程，使知识传授、技能培养与价值引领同向同行。

读者可依据"工作计划表"作为工作任务清单，领取任务书完成实训，并通过填写融合过程评价和结果评价的评价详表，完成自评、互评、师评、企业教师四元综合评价。在每个项目的思考总结阶段提供了针对任务破重解难的技能练习题，引导学生巩固知识提升技能。在强调实训过程的同时，突出过程与结果相结合、适应自评互评等多元评价的课程考核方案，以评促学。

教材最后章节为综合实训，提供了村庄人居环境综合整治项目实训任务书、七个项目的指导书、学生综合成果展示，以及教学团队近年来完成的"设计下乡——村庄人居环境综合整治"田园实践志愿服务的真实项目的案例展示。旨在为相关院校教师结合村庄实际选择整治项目提供参考，同时给学习者提供学习指导。

本教材可作为高职院校城乡规划、建筑设计、风景园林设计等专业的教材，也可作为村镇建设与管理、设计企业、咨询服务等部门村庄人居环境整治专业人员继续教育用书与参考书。

本教材组建了多来源、多专业的结构化"双师"教师团队，邀请郴州建筑设计研究院有限公司、湖南省建筑设计院集团股份有限公司、广西建设职业技术学院等企业、院校合作完成，充分发挥了校企合作、校校联合的优势。本书由陈芳、廖雅静、刘龙主编。前言由陈芳完成，并会同廖雅静、刘龙负责全书框架及内容的修改、完善及版面编排等工作；项目一至项目七由湖南城建职业技术学院刘龙、隆正前、廖雅静、毛伟民、熊平、赖婷婷、沈涛、赵挺雄、刘娜、孙嘉玮，广西建设职业技术学院吴瑕，郴州建筑设计研究院有限公司邓晓琴，湖南省建筑设计院集团股份有限公司李彩林，湖北城市建设职业技术学院鲁琼，广西自然资源职业技术学院黄慧等共同撰写，综合实训部分由陈芳、隆正前、毛伟民等编撰，湖南城建职业技术学院建筑设计专业群参与设计下乡的师生对本部分亦有贡献；隆正前、毛伟民、吴瑕、邓晓琴、黄慧为副主编同时负责全书图片整理、校对及部分实训题编制工作；郴州建筑设计研究院有限公司等企业提供了大量工程案例和有力的技术支持。

由于编者编写水平有限，书中难免存在不足和疏漏之处，敬请同行专家和广大读者批评指正。

# 目　录

# 村庄人居环境综合整治

改善农村人居环境，是实施国家乡村振兴战略的重点任务，事关广大农民根本福祉，事关农民群众健康，事关美丽中国建设。自2018年实施《农村人居环境整治三年行动方案》以来，各地区各部门认真贯彻党中央、国务院决策部署，全面扎实推进农村人居环境整治，扭转农村长期以来存在的脏乱差局面，村庄环境基本实现干净整洁有序，农民群众环境卫生观念发生可喜变化、生活质量普遍提高（图0-1~图0-6）。

## 教学目标

### 素质目标

1.在乡村振兴背景学习中，树立于家为国、赤心报国的"忠心"。

2.在乡村振兴政策解读时，树立仁民爱物、为人为彻的"爱心"。

### 知识目标

1.能阐述村庄人居环境的定义与内涵。

2.能阐述村庄人居环境综合整治工作的目标。

3.能归纳村庄人居环境综合整治工作的重点任务。

### 能力目标

1.能科学合理地运用关于村庄人居环境综合整治工作的各种文件资料。

2.能根据村庄人居环境综合整治工作的重点任务，拟定工作计划。

图 0-1 浙江省丽水市缙云县壶镇镇岩下村

图 0-2 福建省漳州市南靖县书洋镇田螺坑村

图 0-3 云南省大理白族自治州大理市双廊镇双廊村

图 0-4　北京市门头沟区斋堂镇灵水村

图 0-5　安徽省黟县宏村镇宏村

图 0-6　湖南省岳阳市岳阳县张谷英镇张谷英村

## 0.1 村庄人居环境综合整治时代背景

本教材村庄人居环境整治指：党的十九大报告提出的开展农村人居环境整治行动。2018年中央农村工作会议强调，持续改善农村人居环境，要由点到面全面推开，取得实质性进展。中共中央办公厅、国务院办公厅相继印发《农村人居环境整治三年行动方案》《农村人居环境整治提升五年行动方案（2021—2025年）》，各省、市相继也出台了行动方案，分年度梯次推进工作。改善村庄人居环境，是以习近平同志为核心的党中央从战略和全局高度作出的重大决策部署，是实施乡村振兴战略的重点任务，事关广大农民根本福祉，事关农民群众健康，事关美丽中国建设。我国地大物博，村庄人居环境总体质量水平不高，还存在区域发展不平衡、基本生活设施不完善、管护机制不健全等问题，与农业农村现代化要求和农民群众对美好生活的向往还有差距，因此，改善村庄人居环境是一项持续艰巨的任务，也是长期的系统性综合工程。了解我国乡村建设的历程和当前村庄人居环境整治工作任务是做好此项工程的必要前提。

我国乡村建设划分为四个阶段，见图0-7。

图0-7 乡村建设发展历程示意图

第一阶段：1949—1977年的农业生产合作社和人民公社阶段。国家确定从农业国转为工业国的发展思路，将乡村的重要作用定位为为工业提供原始积累，并确定以粮为纲的发展目标。这一阶段乡村的水利设施、道路，以及乡村诊所、中小学等基础设施与公共服务开始建设。但总体来看，粮食产量并没有大幅提升，而国家实行统购统销政策，大量补贴工业和城市，由此，农村、农民仍处于贫困状态，城乡二元结构深化。

第二阶段：1978—2001年的市场化发展阶段。以1978年12月中共十一届三中全会为标志，乡村发展进入一个新阶段。国家连续5年下发三农一号文件，支持农业农村发展。1998年后，乡村的发展、三农问题成为社会普遍共识，农村建设处于艰难时期。

第三阶段：2001—2017年的城乡统筹发展阶段。2005年，十六届五中全会提出了新农村建设的20字方针"生产发展、生活宽裕、乡风文明、村容整洁、管理民主"，对新农村建设进行了全面部署。2006年，农业税全部取消，我国以新农村建设为目标，正式进入工业反哺农业，城市支持农村，财政补贴农民的新时期。2013年，党的十八届三中全会提出"形成以工促农、以城带乡、工农互惠、城乡一体"的新型工农城乡关系。在此背景下，政府多次强调扶贫攻坚的重要性，强调"精准扶贫、精准脱贫"。这一阶段，政府不断推进土地制度改革，完善乡村公共服务体系，提出"美丽乡村"的奋斗目标，乡村居民的生活环境得到明显改善。

第四阶段：2017年至今的乡村振兴阶段。在农村老龄化日趋严重，农村劳动力、人才不断流失，乡村文化日渐衰落的背景下，2017年10月，党的十九大正式提出"乡村振兴战略"，强调农业农村农民问题是关系国计民生的根本性问题，必须始终把解决好"三农"问题作为全党工作的重中之重。新20字方针诞生，"产业兴旺、生态宜居、乡风文明、治理有效、生活富裕"，村庄人居环境整治正式提上日程。在党的二十大报告中，进一步提出"全面推进乡村振兴"的任务，强调"建设宜居宜业和美乡村"，为新时代新征程全面推进乡村振兴、加快农业农村现代化指明了前进方向（图0-8）。

图0-8　上海市嘉定区葛隆村文化墙

## 0.2　村庄人居环境综合整治工作任务

根据2021年12月5日中共中央办公厅、国务院办公厅印发的《农村人居环境整治提升五年行动方案（2021—2025年）》文件要求，到2025年，农村人居环境将显著改善，生态宜居美丽乡村建设取得新进步。

农村卫生厕所普及率稳步提高，厕所粪污基本得到有效处理；

农村生活污水治理率不断提升，乱倒乱排得到管控；

农村生活垃圾无害化处理水平明显提升，有条件的村庄实现生活垃圾分类、源头减量；

农村人居环境治理水平显著提升，长效管护机制基本建立。

东部地区、中西部城市近郊区等有基础、有条件的地区，全面提升农村人居环境基础设施建设水平，农村卫生厕所基本普及，农村生活污水治理率明显提升，农村生活垃圾基本实现无害化处理并推动分类处理试点示范，长效管护机制全面建立。

中西部有较好基础、基本具备条件的地区，农村人居环境基础设施持续完善，农村户用厕所愿改尽改，农村生活污水治理率有效提升，农村生活垃圾收运处置体系基本实现全覆盖，长效管护机制基本建立。

地处偏远、经济欠发达的地区，农村人居环境基础设施明显改善，农村卫生厕所普及率逐步提高，农村生活污水垃圾治理水平有新提升，村容村貌持续改善。

围绕以上目标要具体落实到8个层面的要求：

（1）扎实推进农村厕所革命：逐步普及农村卫生厕所；切实提高改厕质量；加强厕所粪污无害化处理与资源化利用；

（2）加快推进农村生活污水治理：分区分类推进治理；加强农村黑臭水体治理；

（3）全面提升农村生活垃圾治理水平：健全生活垃圾收运处置体系；推进农村生活垃圾分类减量与利用；

（4）推动村容村貌整体提升：改善村庄公共环境；推进乡村绿化美化；加强乡村风貌引导；

（5）建立健全长效管护机制：持续开展村庄清洁行动；健全农村人居环境长效管护机制；

（6）充分发挥农民主体作用：强化基层组织作用；普及文明健康理念；完善村规民约；

（7）加大政策支持力度：加强财政投入保障；创新完善相关支持政策；推进制度规章与标准体系建设；加强科技和人才支撑；

（8）强化组织保障：加强分类指导；完善推进机制；强化考核激励；营造良好舆论氛围。

知识链接

1. 2018 年 2 月，中共中央办公厅、国务院办公厅印发《农村人居环境整治三年行动方案》。

2. 2021 年 12 月，中共中央办公厅、国务院办公厅印发《农村人居环境整治提升五年行动方案（2021—2025 年 )》。

（扫描二维码查看《农村人居环境整治三年行动方案》《农村人居环境整治提升五年行动方案（2021—2025 年 )》全文）

# 村庄风貌整治

村庄风貌整治是村庄人居环境整治工作的首要环节。本项目由实地调研、现状分析和整治策略3个任务组成，通过9个工作流程完成村庄的风貌整治。在实践中，学习调研分析村庄现状风貌特征，在尊重乡村生态环境、自然肌理，挖掘历史文化资源的基础上，制订与乡土文化相适宜的村庄风貌整治策略。

## 教学目标

### 素质目标

1.在风貌调研中，树立爱国爱党、家国情怀的"忠心"。

2.在现状分析时，树立敬恭桑梓、尚合大同的"爱心"。

3.在合作研讨时，树立青山绿水、职业精神的"匠心"。

4.在制订策略时，树立因地制宜、辩证思考的"创心"。

### 知识目标

1.能阐述村庄风貌的定义与内涵。

2.能阐述村庄风貌的核心要素。

3.能归纳村庄风貌调研的方法与步骤。

4.能阐述村庄风貌整治的原则。

5.能描述村庄风貌整治的工作流程和成果表达要求。

### 能力目标

1.能进行全面调研、收集村庄风貌要素，并绘制村庄风貌现状图。

2.能科学合理地对村庄风貌要素进行优劣势分析，并绘制村庄风貌现状分析图。

3.能按整治原则，结合村民实际需求，拟定村庄风貌整治策略，并绘制村庄风貌整治策略图。

# 案例导入（表1-1）

项目一课程思政案例导读表 表1-1

| | | | |
|---|---|---|---|
| 项目案例 | | <br>图1-1 沙洲村纪念广场改造前实景照片 | 整治前：<br>纪念广场附近空间局促，村庄整体风貌不统一，建筑风格不协调，环境整治没有考虑村庄特色。道路等其他设施显得较为陈旧，见图1-1 |
| | | <br>图1-2 沙洲村纪念广场改造后实景照片 | 整治后：<br>广场空间开敞，形成有效围合。空间内建筑统一了风格，并保持了原有的肌理。整体环境和路面做了统一设计，突出乡土气息，保留了绿化植物，景观小品突出村庄红色发展主题，见图1-2 |
| | 整治故事 | 曾经的沙洲村，村民大多外出务工，村庄严重衰败，许多房屋年久失修，濒临倒塌。在村庄整治中，规划设计团队充分调研挖掘，创造了许多化腐朽为神奇的经典作品。如今的沙洲村，崭新的沥青道路蜿蜒向前，村内一栋栋青砖粉墙的民居独具特色。他们将沙洲村规划建设成红色景区和主题教育基地，把长征精神转化为脱贫致富、实现全面小康的强大动力，帮助村民脱贫致富奔小康，实现乡村振兴 | |
| 课程思政 | 内容导引 | 村庄风貌整治措施 | |
| | 思政元素 | 爱国爱党、敬恭桑梓、青山绿水、因地制宜 | |
| | 问题思考 | 沙洲村是如何依托红色资源在村庄风貌整治的过程中实现"望得见山、看得见水、记得住乡愁"的 | |

## 任务准备

### 1. 任务导入

建议 3~5 人一组进行村庄风貌现状调研和资料收集，完成村庄风貌现状分析，拟定村庄风貌整治策略。挖掘形成村庄风貌的主要要素，了解不同要素在不同的空间尺度具有的不同特征，调研村庄风貌要素的现状情况，对其进行优劣势分析，归纳总结，拟定出村庄风貌整治的策略。

（1）设计内容

**现状调研与主要问题研析**：对村庄进行整体调研，基于调查搜集的现状资料，用图文混排的方式表达村庄山水格局现状，并对村庄风貌要素进行优劣势分析。

**村庄风貌综合整治策略拟定**：以现状分析为事实依据，基于村庄风貌整治的原则及相关技术要点，从村庄风貌的山水格局及构成风貌的主要要素等出发拟定村庄风貌综合整治策略。

（2）设计成果，见图 1-3

村庄风貌现状图；

村庄风貌现状分析图；

村庄风貌整治策略图。

图 1-3 项目一图件文件
　　　成果
（a）村庄风貌现状图；

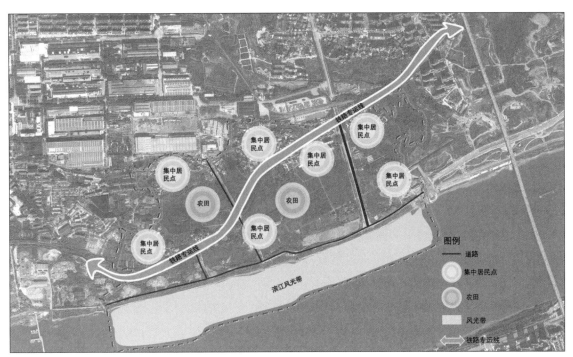

（a）

田：

农田基本分布于村庄南侧，土地平整，少数农田被污染。

林：

山林多数分布于村庄西侧，分布不均，且树木种群结构单一。

水：

村庄水体形式多样，贯穿于田林之间，与它们相辅相成。少数村庄水体干涸，水质中等。

村庄道路（道）：

村庄各条主路宽度适中，但是部分村庄小路太窄，两侧房屋之间距离太近。

田间道路（道）：

田间道路较窄，且有小的地势起伏，是未硬化的土路。

（b）

田：

在保证农田可持续发展的前提下，将闲置的土地种植农作物，既给村庄带来产量又能作为景观观赏。

园：

在保留原有架子的基础上，悬挂一些藤类植物，做成藤架。在空地上种植花草，提高植物种类丰富度。

水（渠道）：

整治渠道，将垃圾清理干净，定期清理保证水渠水质清澈。

水（河塘）：

将小河塘打造成具有湘潭特色的荷花塘，既突出了湘潭的"莲"文化又为村庄增添了一处观景地。

（c）

图1-3　项目一图件文件成果（续）

（b）村庄风貌现状分析图；
（c）村庄风貌整治策略图

## 2. 拟定工作计划（表1-2）

村庄风貌整治工作计划表         表1-2

| | 项目一 村庄风貌整治工作流程 | | | | | | | | |
|---|---|---|---|---|---|---|---|---|---|
| | 任务1.1 村庄风貌实地调研 | | | 任务1.2 村庄风貌现状分析 | | | 任务1.3 村庄风貌整治策略 | | |
| | 【1】初步了解调研内容 | 【2】实地调研村庄风貌 | 【3】绘制村庄风貌现状图 | 【4】分析村庄现状风貌 | 【5】依据村庄类型确定整治建设重点 | 【6】绘制村庄风貌现状分析图 | 【7】明确村庄风貌整治原则 | 【8】拟定村庄风貌整治措施 | 【9】绘制村庄风貌整治策略图 |

| | 工作步骤 | | 操作要点 | 知识链接 | 分工安排 |
|---|---|---|---|---|---|
| 1 | 任务1.1 村庄风貌实地调研 | 初步了解调研内容 | 1. 整理调研清单；<br>2. 打印调研图纸；<br>3. 了解调研对象和调研内容 | 微课：村庄风貌要素构成 | |
| 2 | | 实地调研村庄风貌 | 1. 观察记录风貌要素；<br>2. 收集村庄基本信息；<br>3. 收集农户整治意愿 | 微课：村庄风貌调研程序与方法 | |
| 3 | | 绘制村庄风貌现状图 | 1. 绘制现状图卫星图底图；<br>2. 绘制风貌要素分布示意 | 微课：村庄风貌现状图表达要点 | |
| 4 | 任务1.2 村庄风貌现状分析 | 分析村庄现状风貌 | 1. 分析村庄风貌要素的优势；<br>2. 分析村庄风貌要素的劣势 | 微课：村庄风貌现状分析常用方法 | |
| 5 | | 依据村庄类型确定整治建设重点 | 1. 了解村庄类型；<br>2. 总结村庄的整治建设重点 | 微课：村庄类型划分及整治建设重点 | |
| 6 | | 绘制村庄风貌现状分析图 | 1. 布置清晰卫星图纸；<br>2. 布局风貌要素典型现状照片；<br>3. 总结风貌要素优劣势 | 微课：村庄风貌现状分析图绘制 | |
| 7 | 任务1.3 村庄风貌整治策略 | 明确村庄风貌整治原则 | 1. 了解村庄风貌整治原则；<br>2. 总结每项原则的实施要点与内容 | 微课：村庄风貌整治原则 | |
| 8 | | 拟定村庄风貌整治措施 | 1. 了解村庄风貌整治措施要点；<br>2. 总结各项整治要点的内容 | 微课：村庄风貌整治措施 | |
| 9 | | 绘制村庄风貌整治策略图 | 1. 现状照片布局；<br>2. 示意图片布局；<br>3. 总结村庄风貌整治策略 | 微课：村庄风貌整治策略图表达要点 | |

## 任务实施

### 任务 1.1　村庄风貌实地调研

村庄风貌是指承载着村庄地域文化信息的物质空间系统，体现乡村地域特色，它包含村庄的山水格局、农宅风貌、景观空间、道路交通设施、公共服务设施、环卫设施、水体环境等各方面内容。村庄风貌实地调研任务应通过现场踏勘，科学合理地总结，为后续村庄风貌现状分析做好充足准备。

#### 1.1.1　村庄风貌实地调研

**1. 熟悉调研程序**

调研的程序是指调查全过程相互联系的行动顺序和具体步骤，一般分为四个阶段，即准备阶段、调查阶段、研究阶段和总结阶段，每个阶段具有各自不同的任务。

准备阶段。分析解读任务书要求，确定调研的具体目标、对象和范围，做好调研组织与分工、思想和技术上的准备，拟订调查提纲，设计、印制调查表格、问卷等。

调查阶段。联络调研点联系人，确定调查方法，进行正式调研，做好调查材料的收集、整理工作。

研究阶段。运用各种研究方法，从质和量两个方面对调查材料进行思考加工，揭示事物的本质和规律，了解事物之间的因果关系，预测事物的发展趋势，并在此基础上对决策和管理工作提出具体建议。

总结阶段。撰写调查研究报告，输出调研信息，绘制现状图纸，总结调研活动。

**2. 掌握调研方法**

村庄人居环境整治的调研涉及面广，可运用的方法也多种多样，各种调查方法的选择与调查的对象及分析研究的要求直接相关，各种调查方法也具有其各自的特点与局限性。一般村庄风貌实地调研常用的调研方法为现场踏勘、抽样或问卷调查、访谈和座谈会调查、文献资料搜集。

现场踏勘。这是项目规划设计调查中最基本的手段，通过设计人员直接的踏勘和观测工作，一方面可以获取有关的现状情况，另一方面可以使设计人员建立起有关场所的感性认识，总结现状的特点和发现其中所存在的问题。

抽样或问卷调查。抽样调查的调查对象可以是某个范围的全体人员，也可以是部分人员。问卷调查是掌握一定范围内大众意愿时最常见的调查形式。通过问卷调查的形式可以大致掌握被调查群体的意愿、观点、喜好等。

访谈和座谈会调查。性质上与抽样调查类似，但访谈和座谈会是调查者与被调查者面对面的交流。具体有以下几种情况：一是针对无文字记载的风俗民风、历史文化等方面；二是针对尚未形成文字或对一些愿望与设想的调查，如城乡各部门、广大市民对未来发展的设想与愿望等；三是针对某些乡村优秀人才、专业人士的意见和建议。

文献资料搜集。乡镇、村庄的相关文献和统计资料通常以公开出版的乡镇年鉴、各类专业年鉴、不同时期的地方志等形式存在，这些文献及统计资料具有信息量大、覆盖范围广、时间跨度大、在一定程度上具有连续性可推导出发展趋势与规律等特点。

**3. 厘清调研内容**

村庄风貌实地调研需要厘清村庄风貌的构成要素，从风貌要素出发确定调研的对象与主要内容。村庄风貌要素以突出村庄的风貌特色为原则，构成村庄风貌提升的七大核心控制要素可概括为：田、林、水、筑、点、路、园，见表1-3。围绕七大要素，形成村庄风貌调研清单，见表1-4。

村庄风貌要素一览表　　　　　　　　　　　　　　　　　　　　　表1-3

| 田 | 林 | 水 | 筑 | 点 | 路 | 园 |
|---|---|---|---|---|---|---|
| 生产型田地、观赏型田地 | 山林 | 河道、水塘 | 民居、民宿、公共建筑、构筑物 | 村庄入口、游憩空间、古树、古井、古桥、标识标牌 | 村庄道路、田间道路、绿道、入村道路 | 菜园、果园、花园、公园 |

村庄风貌调研清单　　　　　　　　　　　　　　　　　　　　　　表1-4

| 村名 | | 扫描二维码下载电子清单 |
|---|---|---|

**村庄情况**　人数 _____　户数 _____　村域面积 _____（km²）
　　　　　　村庄其他情况 _____

**小组情况**　人数 _____　户数 _____　小组位置 _____
　　　　　　小组其他情况 _____

**田：** 耕地 ＿＿＿＿ 亩，其中：基本农田 ＿＿＿＿ 亩，有无耕地污染问题：□有 □没有

　　主要污染源 ＿＿＿＿＿＿＿，本村耕地的作物 ＿＿＿＿＿＿

**林：** 林地 ＿＿＿＿ 亩，其中：生态林地 ＿＿＿＿ 亩，林地的经济作物是 ＿＿＿＿＿＿

**水：** 水塘 ＿＿＿＿ 口，水渠 ＿＿＿＿ 条，水渠总计 ＿＿＿＿km，有无水体污染问题：□有 □没有

　　主要污染源 ＿＿＿＿＿＿＿，水产养殖类型（具体业态）＿＿＿＿＿＿

**筑：** 建筑层数 ＿＿＿＿ 层（为主），建筑风格描述 ＿＿＿＿＿＿＿

　　建筑问题描述（建筑安全性问题）＿＿＿＿＿＿＿＿＿＿＿＿＿＿

　　公共建筑包括有 ＿＿＿＿＿＿＿＿＿＿＿＿＿＿＿＿＿＿＿＿

**点：** 古树 ＿＿＿＿ 棵，年代 ＿＿＿＿＿＿＿＿，分布位置 ＿＿＿＿＿＿

　　古井 ＿＿＿＿ 口，年代 ＿＿＿＿＿＿＿＿，分布位置 ＿＿＿＿＿＿

　　古桥 ＿＿＿＿ 座，年代 ＿＿＿＿＿＿＿＿，分布位置 ＿＿＿＿＿＿

　　古树、古井、古桥保护情况 ＿＿＿＿＿＿＿＿＿＿＿＿＿＿＿＿＿

**路：** 村道 ＿＿＿＿ 条，村道总计 ＿＿＿＿km，组道 ＿＿＿＿ 条，组道总计 ＿＿＿＿km

　　有无对外交通：□有 □没有，对外交通情况 ＿＿＿＿＿＿＿＿＿

**园：** 园地 ＿＿＿＿ 亩，园地的主要经济作物 ＿＿＿＿＿＿＿＿＿＿

**4. 收集调研资料**

（1）《某村村志》；

（2）《某镇（乡）志》；

（3）村庄当年的发展计划；

（4）村镇历史沿革、区划变迁、规划编制情况等；

（5）村镇地形图（总体布局图）、航拍资料、规划区范围等。

**1.1.2　绘制村庄风貌现状图**

村庄风貌现状图主要在村域范围内体现村庄风貌七大要素的分布位置和空间形态，根据村庄的现状重点突出表达现有的要素。图纸建议采用分析线的表达形式，包括：分析图、图例及风玫瑰等内容，见图1-4，其图纸绘制要点有：

①**分析图：** 以带用地界线的卫星图纸作为底图，可以稍做颜色减淡处理。利用分析线，根据村庄实际情况表达出村庄风貌要素位置，突出表达山水格局。

②**图例：** 制作图例，对分析线做出说明。

③**风玫瑰：** 使用本地区的风玫瑰图，同时绘制比例尺。

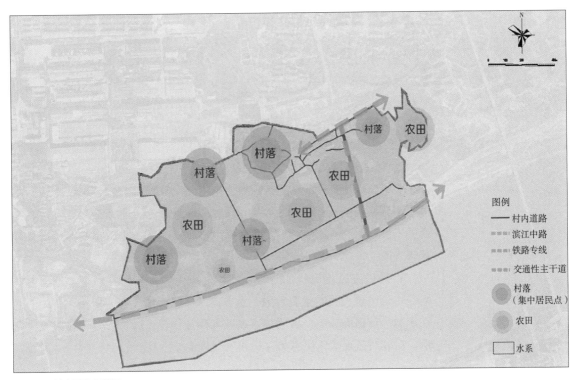

图 1-4　村庄风貌现状图

## 任务 1.2 村庄风貌现状分析

基于村庄风貌现状调研资料，对村庄风貌现状展开具体分析。掌握分析方法，明确分析内容，提出分析结论，为后续制订村庄风貌整治策略提供依据。

### 1.2.1 村庄风貌现状分析方法

#### 1. 村庄风貌现状分析常用方法

常用的现状分析方法有四种，包括现状调研内容的综合评估——SWOT 分析；空间分析（图底关系理论、联系理论、场所理论）；凯文·林奇的五要素分析（节点、标志、路径、边界、区域）；现状条件优劣势分析等方法。

针对村庄风貌现状的分析，建议采取优劣势分析方法。本分析方法能抓住与风貌相关的主要矛盾、主要问题，或抓住与利益相关人有关的迫切矛盾、突出问题等，客观描述事实并形成结论。以长沙县金井镇某村为例，对其村庄现状作优劣势分析如下（表1-5）。

长沙县金井镇某村优劣势分析 表1-5

| 优势 | 劣势 |
| --- | --- |
| 交通区位较为优越，省道S207南北向贯穿，紧邻平江县。 | 田地、林地有荒废的现象，部分新建筑没有顺应村庄地形地貌和田园格局。 |
| 自然资源较为丰富，生态环境本底较好，生活环境山清水秀。 | 道路体系不完整，山区村组之间通行能力较差，机耕道不能满足农业生产需求。 |
| 建筑风貌整体较好，先后经过两次新农村建设和空心房整治工作。 | 公共服务设施和基础设施不够完善，缺少停车、给水排水、环卫等设施。 |
| 耕地集中分布在山谷沟渠两侧，地势较为平坦；部分农田、山林已集中流转，为现代农业发展创造了条件，有利于促进村内就业与经济发展 | 人均村庄建设用地面积较大，宅基地使用粗放。村庄文化特色不明显，建设面貌缺乏特色和亮点。经济基础相对薄弱，发展较为缓慢，以种植、养殖为主，乡村旅游基础较差 |

#### 2. 村庄风貌现状分析内容

一般围绕村庄风貌构成的七大要素展开：

田：田地的平整程度，机耕道便利度，是否有荒废、污染、被侵占等情况。

林：林地的种植情况、经济效益、生态情况，是否有荒废、污染、被侵占等情况。

水：水资源分布情况、使用情况，是否有污染问题，周边安全、娱乐等设施是否齐全。

筑：建筑物群体风格是否协调，与村庄山水格局是否协调，是否存在建筑安全隐患。

点：主要节点形象是否符合村庄性质与定位，村庄古迹是否保护完好，标识系统是否齐全。

路：对外交通是否便利，内部交通体系是否完整，道路情况是否良好，有无出行不便的问题。

园：园内植被类型情况，经济效益、生态情况，是否有荒废、污染、被侵占等情况。

### 1.2.2 绘制村庄风貌现状分析图

村庄风貌现状分析图主要利用图文并茂的方式阐述清楚村庄风貌七大要素的优劣势。图纸一般包含村庄卫星图（航拍图）、现状照片、现状分析等内容，见图1-5，其图纸绘制要点有：

①**卫星图（航拍图）**：建议采用清晰的卫星图，以便于表达要素所在位置。

②**现状照片**：依据风貌要素，遴选典型现状照片。

③**现状分析**：根据现状照片对七要素作优劣势分析，文字简明扼要。如若村庄没有包含全部要素，则根据实际情况分析即可。

图1-5 村庄风貌现状分析图

水 - 水塘

优点：村庄水塘丰富，分布于农田之间，方便灌溉，形态各样，部分水质良好。
缺点：大多数水塘水质较差，水体呈绿色，塘体周边硬化较为严重，水体富营养化，生态养殖产业滞后，生态环境较为脆弱，水面常有垃圾漂浮。
林 - 山林

优点：山林面积较大，能改善村庄生态环境，种植了观赏性植物，能吸收有害气体，提高空气质量，对村民的健康起到一定保护作用，同时山林可以提高道路行车的舒适性、安全性，对促进当地生态绿化，降低行车噪声等都有良好的作用，还能够改善局部小气候。为居住者带来更加舒适的居住环境。
缺点：道路转弯处的山林阻挡来往的车辆视线，容易发生车祸。

园 - 菜园

优点：小型菜园数量较多，种植蔬菜可以净化空气，还可以使居民自给自足，同时可以增加居民的收入，绿化社区的居住环境，为居民带来健康的生活。
缺点：菜园大部分都在道路旁边，居民给菜地施肥大部分用的是农家肥，导致路周围有很大的异味，并且在夏天还容易招来蚊虫。部分菜园周围水源较少，不方便居民灌溉。

园 - 公园

优点：村内有两处公园，能满足居民的休闲所需，为居民提供一个休息、游览、娱乐、锻炼、交往的场所，能更好地促进居民的身心健康，陶冶居民的情操，提高居民的文化艺术修养水平、社会行为道德水平和综合素质水平，全面提高居民的生活质量。
缺点：阳塘公园还没建设完全，看上去比较杂乱，设施也不够完善。

## 任务 1.3 村庄风貌整治策略

基于村庄风貌现状分析的结论，结合村庄的发展要求与公众的诉求，根据村庄风貌整治相关技术要求和整治手段，从山水田园风貌管控、建筑品质提升、道路品质提升、公共空间品质提升、特色主题打造五个方面提出村庄风貌整治策略。

### 1.3.1 村庄风貌综合整治要求

#### 1. 村庄风貌综合整治原则

村庄风貌整治一般应遵循生态性、地域性、时代性、经济性、参与性原则，如图 1-6 中杭州文村，图 1-7、图 1-8 中东梓关村整治后风貌。

生态性原则。村庄风貌提升和微改造应充分尊重乡村地区自然生态环境特点，通过合理的植物搭配及自然景观与生产性景观相结合，打造生态环境友好、富有乡村特色、整体风貌协调的景观环境。

地域性原则。尊重地方文脉，结合民风民俗，传承地方文化与民居特色，栽本地树、种本地草、使用乡土材料，形成具有地域特色和浓郁乡野气息的乡村景观。

时代性原则。结合现代建筑新材料、新工艺，在使用地域材料的同时接轨时代，使用建筑节能环保新材料，寻求传统文化与现代生活的结合点，体现新时代风貌特色。

经济性原则。使用易栽植、易维护的乡土植物，保证植物的高成活率；优先选用当地材料，节约经费开支；环境营造应结合生产性景观，在

图 1-6　文村整治后建筑风
　　　　貌（左）
图 1-7　东梓关村整治后建
　　　　筑风貌（右）

图1-8 东梓关村整治后风貌

提升村庄风貌的同时注重与村庄产业发展的结合，使村庄风貌提升与村庄发展相得益彰。

参与性原则。发挥政府在规划引导、政策支持、组织保障等方面的作用，坚持为农民而建，尊重农民意愿，保障农民物质利益和民主权利，广泛依靠农民、教育引导农民、组织带动农民搞建设，不搞大包大揽、强迫命令，不代替农民作选择。

2. 村庄风貌综合整治手段

依据村庄风貌尺度的不同，可以将村庄风貌分为山水田园风貌以及聚落场所风貌两个层面。山水田园风貌是由山水格局和田园风貌组成的山水田园景观格局。聚落场所风貌是由村庄建筑风貌、场所空间风貌和人文风貌组成的村落景观格局。依据以上两个层面的内容，村庄风貌综合整治手段一般可以归纳为：山水田园风貌管控、建筑品质提升、道路品质提升、公共空间品质提升、特色主题打造五个方面。

山水田园风貌管控。指将村庄与山水田园风貌作为整体，进行格局保护与乡村风貌塑造，延续山水田园的传统风貌。

建筑品质提升。指对村庄民居及公共建筑等建筑品质的提升。

道路品质提升。指对村庄道路质量、功能及环境景观品质的提升。

公共空间品质提升。指对村庄游憩空间，古井、古树、古桥，标识标牌等节点空间的品质提升。

特色主题打造。指结合村庄资源特征及发展定位，塑造特色主题，强化主题元素在村庄规划建设中的应用。

3. 村庄风貌综合整治保障措施

（1）政策法规的制定和宣传

制定相关的政策法规，明确村庄人居环境整治的发展方向和目标。加强村庄人居环境整治相关政策法规的宣传和推广，提高社会公众对村庄人居环境整治的认识和理解。

（2）规划设计的指导和监督

对村庄规划设计等上位规划进行综合和全面的分析和研究，从规划设计的层面来提出详尽和实际的要求，并及时对规划设计方案质量进行监督和检查。对于不能遵守规划设计的单位或个人，要作出处理并严格处置。

（3）市场机制的引导和激励

引导市场机制正确发挥村庄风貌控制的作用，建立健全市场机制，促进市场与政策的协同协调，进一步优化村庄风貌控制的发展环境，推动海绵城市建设落地。

**知识链接**

《湖南省村庄规划编制技术大纲（修订版）》节选

3.9 乡村风貌管控与引导

根据村庄的分类及定位，明确乡村的自然山水、建筑和公共空间风貌的管控要求和引导，体现湖湘地域特色，保留传统村居特征。

（扫描二维码查看《湖南省村庄规划编制技术大纲（修订版）》全文）

### 1.3.2 村庄风貌综合整治策略制订

**1. 山水田园风貌管控**

加强山体保护，禁止擅自挖山、取石开矿、滥砍滥伐等。保护好村庄自然生态良好或有管控需要的坑塘水面，禁止对自然河道截弯取直、开挖围填，鼓励人工坑塘退塘还湿、退塘还河。加强对田园景观风貌的塑造，结合村庄特色产业优化田园种植形式，适当引导田园景观集中连片。

**2. 建筑品质提升**

村庄建筑主要指民居与公共建筑。在村庄中，建筑品质提升的关键点是做到"筑景交融"，建筑与村庄环境的和谐映衬是村庄人居环境的重要体现。建筑品质提升可以从建筑形体、建筑色彩、建筑屋顶、建筑墙体、建筑门窗装饰等方面着手。

民居宜统一建筑风格、色彩、材质，建筑以2~3层为主，高低错落，集中布局的居住建筑以统一、和谐、整洁为美。建筑山墙面适度墙绘。农居选址大多依山傍水，少占良田，人居与自然融为一体，显示出浓厚的村野情趣。如图1-9中整治后的湘潭市韶山乡黄田村。

图1-9　湘潭市韶山乡黄田村整治后实景照片

公共建筑是村庄地标建筑，其建筑品质提升应以使用功能为主，结合乡村特征进行设计。尽可能使用地域材料，做到与民居和谐统一，宜多创造乡村交往空间，贴近村民生活，切忌浮夸的外立面装饰，如图1-10中西浜村昆曲学社和图1-11中王上村公共服务中心。

（扫描二维码查看图1-9全彩图片）

图1-10　西浜村昆曲学社（左）
图1-11　王上村公共服务中心（右）

### 3. 道路品质提升

村庄道路是村庄风貌要素中最直观的体现之一，通达顺畅、曲径通幽、质朴美丽的乡村道路能给村庄风貌提升加分。村道建设应因地制宜、以人为本，与优化村庄布局、农村经济发展和广大农民安全便捷出行相适应，把农村道路建好、管好、护好、运营好，从铺装、绿化、照明、标识、安全防护等方面对农村道路进行管控与整治，并建议优先采用新材料提质，如透水混凝土等。巷道是村庄人居环境中使用频率最高、最能贴近村民生活的道路。对于破损、坑洼的巷道，应对其破损部分进行补充平整，保证道路的通行功能；对于村内需要新建的巷道，应与村庄原有巷道相协调，鼓励采用村庄当地的本土材料结合新技术进行打造；对于传统巷道应尊重历史原真性，整治时应保留原有的巷道格局、铺装材质，慎重选择修护方式，并注重延续传统巷道原有的铺设方式。如图1-12中沙洲村街巷采用鹅卵石铺地，图1-13中青岩古镇街巷采用青岩石铺地。

### 4. 公共空间品质提升

村庄公共空间是作为容纳村民公共生活及邻里交往的物质空间，是村民可以自由进入，开展日常交往、参与公共事务等社会生活的主要场所。现今所说的村庄公共空间范畴更宽，包括具有村庄记忆、体现乡村秩序的物质空间载体，如村口、公园广场、街头、古树、古井、古桥、河边、祠堂等，以及举行乡村民俗节庆、婚丧嫁娶等仪式的场合。

村庄公共空间是村庄文化与生活的重要载体，结合村庄现状基础，依据村庄的发展定位对村庄公共空间品质进行提升可以重新激活公共空间的乡土文化传承功能，如图 1-14 中七星村改造后的公共空间成为村民喜爱的休闲好去处。

### 5. 特色主题打造

乡村特色资源存在于村庄自然风光、聚落形态、特色建筑、传统习俗、历史人文、生产生活等多个方面，具有地域专属性和资源独占性。村庄人居环境整治需要充分挖掘当地资源，分析、提炼特色要素，设计出具有当地特色的、为乡村赋能的特色景观，打造生态宜人和特色鲜明的乡村生产生活环境，避免出现"千村一面""一村千面"的问题。村庄特色主题一般可以总结为：故事类、民俗类、创意类、影视动漫 IP 类、艺术类、产业类等。

故事类：以某历史事件为背景，以知名人物、事件及古迹为元素，打造爱国主义教育、历史文化宣传等主题的特色村庄。比如，图 1-15 中十八洞村以及沙洲村、横坎头村等。

民俗类：以当地典型民俗文化资源为依托，提取核心文化元素，打造该项文化体验类主题产品，构建特色乡村品牌。比如，图 1-16 中蘑菇村以及学士村、五渔村等。

图 1-12　湖南省汝城县沙洲村街巷实景照片（左）

图 1-13　贵州省贵阳市青岩古镇街巷实景照片（中）

图 1-14　湘潭市昭山镇七星村公共空间实景照片（右）

创意类：在资源没有突出特色和利用潜力的情况下，通过创意手法，精准选取可发展主题，并开发主题系列产品。比如，图1-17中凤凰措和萌木之村。

影视动漫IP类：依托影视动漫类IP，结合当地资源条件，导入主题系列产品，打造该IP主题的整体环境和氛围。

艺术类：通过艺术品的创作与当地生态环境和产业环境的融合，构建艺术与乡村共生的格局，最终促进乡村的发展。比如，图1-18中朱柳村以及外桐坞村等。

产业类：依托当地优势产业，通过一二三产业的联动发展，并开发该产业主题游览产品和体验产品，以反哺优势产业。比如，图1-19中大芬油画村和图1-20中安化黑茶之乡以及草莓村、桃米村。

### 1.3.3　绘制村庄风貌整治策略图

村庄风貌整治策略图主要表达山水田园风貌管控、建筑品质提升、道路品质提升、公共空间品质提升、特色主题打造等并提出整治策略。内容

图1-15　十八洞村（上左）
图1-16　蘑菇村（上右）
图1-17　凤凰措（下左）
图1-18　朱柳村（下右）

图1-19  大芬油画村（左）

图1-20  安化黑茶之乡（右）

包括：现状图片、示意图片及整治策略文字，见图1-21。其图纸绘制要点有：

①**现状照片**：选取具有代表性的现状照片。

②**示意图片**：根据策略要点，选取整治示意图，示意图可以是效果图，也可以是建成照片。

图1-21  村庄风貌整治策略图

③**整治策略文字**：针对现状照片的情况，提出策略方案，以文字形式描述，描述应简明扼要。

## 任务评价（表1-6）

项目一任务评价表 表1-6

| 评价内容 | | | 评价维度 | 评分细则 | 标准分（分） | | 自评 30% | 互评 30% | 师评 30% | 企业教师 10% |
|---|---|---|---|---|---|---|---|---|---|---|
| 过程评价 55% | 【1】初步了解调研内容 | 熟悉调研清单，了解调研内容，熟悉调研图纸 | 素养 | 实事求是地查阅村庄的基础资料 | 2 | 6 | | | | |
| | | | 知识 | 掌握村庄风貌的定义和内涵 | 2 | | | | | |
| | | | 技能 | 会整理调研适用的图纸和相关资料 | 2 | | | | | |
| | 【2】实地调研村庄风貌 | 调研过程中对村庄风貌的观察记录以及与村民交流收集基本信息和整治意愿情况的完成度 | 素养 | 在实地调研时，能做到尊重村民、爱护环境 | 2 | 6 | | | | |
| | | | 知识 | 掌握信息收集与调研观察的方法 | 2 | | | | | |
| | | | 技能 | 能根据需要调整、使用问卷星 | 2 | | | | | |
| | 【3】绘制村庄风貌现状图 | 依据调研的情况如实表达村庄风貌各个要素在图纸上的布局位置的准确度 | 素养 | 如实客观地体现了村庄风貌要素的布局 | 2 | 6 | | | | |
| | | | 知识 | 掌握村庄风貌要素的内容 | 2 | | | | | |
| | | | 技能 | 能清晰地表达出风貌要素的空间关系 | 2 | | | | | |
| | 【4】分析村庄现状风貌 | 依据调研情况，总结村庄风貌要素现状优劣势的完成度 | 素养 | 具备准确地描述村庄风貌现状的意识 | 2 | 6 | | | | |
| | | | 知识 | 掌握村庄风貌要素现状分析方法 | 2 | | | | | |
| | | | 技能 | 能对问题的主要矛盾进行甄别和梳理 | 2 | | | | | |
| | 【5】依据村庄类型确定整治建设重点 | 在熟悉村庄的分类的基础上总结出整治建设的重点内容，做到有针对性、有计划性 | 素养 | 对村庄的分类有前瞻性认识 | 2 | 6 | | | | |
| | | | 知识 | 掌握村庄分类的要点及方法 | 2 | | | | | |
| | | | 技能 | 能把村庄分类的要点融入人居环境整治中 | 2 | | | | | |
| | 【6】绘制村庄风貌现状分析图 | 依据分析方法，绘制村庄风貌现状分析图的完整度 | 素养 | 在考虑全局策略时，具有创新性、战略性思维 | 2 | 6 | | | | |
| | | | 知识 | 掌握村庄风貌现状分析方法 | 2 | | | | | |
| | | | 技能 | 能应用计算机辅助完成现状分析图 | 2 | | | | | |
| | 【7】明确村庄风貌整治原则 | 正确理解村庄风貌整治原则的准确度 | 素养 | 具有敬恭桑梓、生态环境保护的意识 | 2 | 6 | | | | |
| | | | 知识 | 掌握整治原则的实际运用要点 | 2 | | | | | |
| | | | 技能 | 能针对不同的村庄实际情况灵活落实原则 | 2 | | | | | |

续表

| 评价内容 | | | 评价维度 | 评分细则 | 标准分（分） | 自评 30% | 互评 30% | 师评 30% | 企业教师 10% |
|---|---|---|---|---|---|---|---|---|---|
| 过程评价 55% | 【8】拟定村庄风貌整治措施 | 制订符合村庄实际情况的整治措施的完整度 | 素养 | 有乡土情怀，能提出创新性的整治措施 | 2 | | | | |
| | | | 知识 | 掌握村庄风貌整治的措施内容 | 2 | 7 | | | |
| | | | 技能 | 能有针对性地拟定风貌整治措施要点 | 3 | | | | |
| | 【9】绘制村庄风貌整治策略图 | 绘制村庄风貌整治策略图的完整度 | 素养 | 具有严谨的科学态度和良好审美素质 | 2 | | | | |
| | | | 知识 | 掌握策略拟定的方法和图纸的排版要点 | 2 | 6 | | | |
| | | | 技能 | 能应用计算机辅助完成村庄风貌整治策略图 | 2 | | | | |
| 成果评价 45% | 村庄风貌现状图 | | | 内容完整度：底图完整，要素布局完整，图例完整，底图有村界线 | 3 | | | | |
| | | | | 表达正确度：清晰表达出村庄各类风貌要素 | 4 | 10 | | | |
| | | | | 画面美观：分析线美观，且具有新意，图纸布局均衡、色彩适宜 | 3 | | | | |
| | 村庄风貌现状分析图 | | | 内容完整度：图文完整，引出线位置准确，卫星图清晰 | 5 | | | | |
| | | | | 表达正确度：文字与图片表述一致，文字简明扼要 | 5 | 15 | | | |
| | | | | 画面美观：布局均衡、色彩适宜 | 5 | | | | |
| | 村庄风貌整治策略图 | | | 内容完整度：从不同要点表达整治策略，且均有现状照片、示意图和文字说明 | 6 | | | | |
| | | | | 表达正确度：现状照片和示意图表达内容逻辑一致、文字描述简明扼要 | 6 | 20 | | | |
| | | | | 设计创新度：图面排版设计美观，策略意图表达具有创新性 | 8 | | | | |
| 合计 | | | | | 100 | | | | |
| 自我总结 | | | | | 签名： 日期： | | | | |
| 教师点评 | | | | | 签名： 日期： | | | | |

# 思考总结

**1. 单项实训题**

对给定的村庄土地利用现状图，见图1-22，运用专业软件完成村庄风貌现状图的表达。

（1）图纸表达要求：

①将村庄土地利用现状图作为底图，底图做灰色处理，村庄界线保持红色，突出表现。

②分析内容：根据村庄土地利用现状图的土地性质，对村庄风貌要素进行内容及位置分析，须确保村庄的风貌要素内容分析全面。

③分析线：分析线要求美观清晰，颜色大方协调，表达上不发生视觉冲突，做到点、线、面逐级展开，有主有次。

④其他内容：保证图纸内容完整，包括图名、图例、指北针等，可以辅助文字说明，帮助解读分析过程。

（2）村庄土地利用现状图。（提供电子文件）

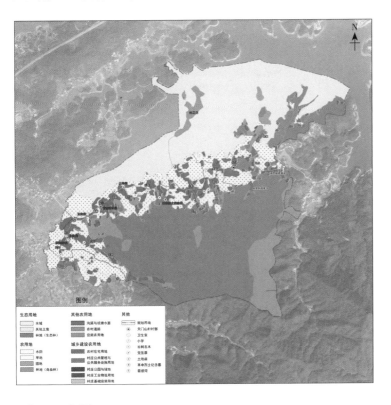

（扫描二维码下载村庄土地利用现状图）

图1-22 村庄土地利用现状图

**2. 复习思考题**

村庄的发展与保护和村庄风貌整治的关系是什么？

# 村庄农宅风貌整治

农宅建筑因其占比大，是构成村庄建筑风貌聚落空间形态的重要组成部分。风貌整治应依据地域文化为基础，在尊重自然地理与文化地理属性归类下的建筑风貌的前提下，对现代农宅建筑进行风格引导与改造，对传统农宅建筑进行修缮保护并制订具体的控制策略与优化措施。本项目由实地调研、现状分析、整治策略和整治方案4个任务组成，通过12个工作流程，3~5人小组合作完成一个村民小组的农宅风貌整治。在实践中，学习掌握在不同的农宅现状基础上，融合传统民居元素与现代设计语言，传承民居特色与民居文化，采用乡土材料、可再利用废材，应用"乡村建筑营建技术"，在风貌整治的同时，提升农宅的通风、采光、遮阳、隔热、防水等性能，增强居住舒适感。

## 教学目标

### 素质目标

1.在村庄实地调研中，树立爱国爱党、乡村振兴、服务乡村的"忠心"。
2.在农宅实测时，树立尊重民心民意、热爱自然、热爱乡村的"爱心"。
3.在风貌策略拟定时，树立探索具有地方特色的新时代农宅风貌范式的"创心"。
4.在立面改造方案制订过程中，树立生态环保、精益求精、资源节约的"匠心"。

### 知识目标

1.能阐述村庄农宅风貌现状实地调研及测量的具体内容与要点。
2.能阐述村庄农宅现状质量分类要点与方法。
3.能归纳村庄农宅风貌整治策略拟定的方法，能列举2~3个农宅风貌统一整治的案例。
4.能描述村庄农宅立面改造的工作流程和成果表达要求。

### 能力目标

1.能全面调研、收集农宅现状情况，能准确测量农宅建筑尺寸，并绘制数据草图。
2.能准确进行村庄现状农宅的质量与外观风貌分类和特征总结,能应用计算机软件辅助绘制村庄农宅现状分析图。
3.能基于村庄现状整体条件，结合人居环境改善和村庄整体风貌营造的具体目标，拟定农宅建筑风貌整治策略，能绘制村庄农宅风貌整治策略图。
4.能针对建筑现状和使用需求，采取经济适宜的具体改造措施，制订立面改造方案，能完成立面改造材料经济估算并绘制村庄农宅立面改造方案图。

## 案例导入（表2-1）

项目二课程思政案例导读表

表2-1

图2-1 十八洞村整治前照片

整治前：
湖南湘西十八洞村中现存很多保留较好的传统苗族民居，见图2-1，极具保留和传承价值。乡村发展过程中，部分居民摈弃了传统木构的老房子，改建为现代风格的砖房，破坏了村庄的整体风貌

图2-2 十八洞村整治后照片

整治后：
十八洞村对农宅分类整治。对传统村落核心保护区木质老屋进行修复、翻新、加固，严格保持原始风貌；对不符合传统风貌的砖房进行整体改造，还原传统苗族民居建筑风貌，统一了村庄农宅的整体风貌，见图2-2

| | | |
|---|---|---|
| 项目案例 | 整治故事 | 2013年，习近平总书记在视察走访十八洞村的时候，第一次提出了"精准扶贫"。仅仅用了四年的时间，十八洞村就从一个深度贫困的苗乡，变成了全国小康示范村寨，通过村庄人居环境整治，人们的生活环境也得到了质的改善。十八洞村统筹村庄整体风貌，对所有农宅进行了风貌整治，在延续苗寨传统民居样式的基础上，综合考虑乡土材料更新、立面功能提升等现代技术措施，使村庄的美观度与实用性同步提升，村庄吸引力增强，从而推动村庄环境提质，助力乡村振兴 |
| 课程思政 | 内容导引 | 农宅整治措施 |
| | 思政元素 | 乡村振兴、文化自信、绿色生态、创新传承 |
| | 问题思考 | 如何在农宅整治时传承传统民居特色，营建有中国味的绿色农宅 |

# 任务准备

### 1. 任务导入

建议 3~5 人一组进行村民小组实地调研与现状分析，拟定村民小组农宅整治策略，完成农宅的具体整治方案。风貌整治要求基于现状、不大拆大建；注重当地地域特征和文化特色，统筹村庄风貌；提升居住舒适度；控制整治成本等。

（1）设计内容

村民小组农宅实地调研：小组成员对村民小组范围内所有农宅进行现状照片拍摄、布局定位与信息采集。

农宅现状风貌总结及主要问题研析：研讨各农宅在房屋质量与建筑外观方面存在的主要问题并进行质量与风貌分类。

农宅风貌分类整治策略拟定：收集本地传统民居资料并进行分析，结合村庄风貌整体整治策略，基于文化传承与现代特色相结合的原则，分类拟定整治策略。

改造措施与整治方案制订：在风貌整治策略基础上对两栋及以上重点整治对象提出统一风貌的整治措施，合作完成两栋农宅的整治方案模型制作与效果图表达。

整治方案主要材料与经济估算：完成重点整治农宅改造的主要材料清单算量与经济估算，完成经济估算表编制。

（扫描二维码查看
图 2-3 全彩图片）

图 2-3　项目二图件文件
　　　　成果

（a）村庄农宅风貌现状分析图；

| 龙王组小组范围 | |
| --- | --- |
| 阳塘村小组区位 | 村民小组农宅风貌现状 |

村庄内民居建筑样式多样，沿公路分布，以砖混结构的砖房为主，大部分房屋做了外墙贴面装饰，少部分房屋外墙未做任何装饰，另有少数装修较为豪华的洋楼，建筑层数一般为2~3层，老屋为1层，大部分现状建筑质量较好。

| 01 | 02 | 03 | 04 |
| --- | --- | --- | --- |
| 建造时间:2015年 建筑层数:2层 房屋质量:好 | 建造时间:2012年 建筑层数:2层 房屋质量:好 | 建造时间:2015年 建筑层数:2层 房屋质量:好 | 建造时间:2016年 建筑层数:2层 房屋质量:好 |
| **05** | **06** | **07** | **08** |
| 建造时间:2016年 建筑层数:2层 房屋质量:好 | 建造时间:2016年 建筑层数:2层 房屋质量:好 | 建造时间:2016年 建筑层数:2层 房屋质量:好 | 建造时间:2014年 建筑层数:2层 房屋质量:好 |
| **09** | **10** | **11** | **12** |
| 建造时间:2017年 建筑层数:2层 房屋质量:好 | 建造时间:2018年 建筑层数:2层 房屋质量:好 | 建造时间:2010年 建筑层数:2层 房屋质量:好 | 建造时间:2012年 建筑层数:2层 房屋质量:好 |
| **13** | **14** | **15** | **16** |
| 建造时间:2011年 建筑层数:2层 房屋质量:好 | 建造时间:2009年 建筑层数:2层 房屋质量:好 | 建造时间:2003年 建筑层数:1层 房屋质量:差 | 建造时间:2010年 建筑层数:2层 房屋质量:中 |

（a）

### 村庄调研风貌总结

当地建筑立面以水洗石、瓷砖贴面为主；建筑色彩缺乏统一性，白墙灰顶居多。

### 整治策略意向图

屋面统一采用木构小青瓦屋顶，墙体以白色墙漆为主，采用灰色面砖勒脚，门用木框传统样式。

## A 级

质量：结构承载力能满足正常使用要求，无危险点，房屋结构安全。

风貌：农宅风貌完整性较好，外立面色彩简单或有建筑色彩冲突等问题。

农宅编号

2、3、9、10、12

问题

立面颜色单一；部分建筑结构完整。

策略

1. 对外墙进行装饰构件增添与改造，外墙面砖进行清理。
2. 对部分建筑构件进行增添，丰富建筑整体。
3. 立面色彩鲜艳时，采用喷漆改色来进行调整。

## B 级

质量：结构承载力基本能满足正常使用要求，个别结构构件处于危险状态，但不影响主体结构，基本满足正常使用要求。

风貌：农宅外立面装饰构件存在质量问题。

农宅编号

4、5、6、7、8、11

问题

窗户及屋面部分构件损坏或老化。

策略

1. 对外墙、门窗、门廊进行修缮与改造。
2. 对外部墙体增加装饰构件，丰富外立面。
3. 解决问题，"平改坡"有利于屋顶排水。

## C 级

质量：部分承重结构承载力不能满足正常使用要求，局部出现险情，构成局部危房，一般需要加固或局部改造。

风貌：外墙、屋面、立面构件、柱存在开裂，有较大的安全问题。

农宅编号

1、13、14、16

问题

外墙无装饰，且部分墙体有开裂的现象。外墙有破损，甚至有漏水的现象。

策略

1. 对开裂的承重主体进行加固。
2. 对外墙进行防水和色彩改造。

## D 级

质量：房屋整体倾斜、变形，承重结构已经不能满足安全使用需求，房屋整体出现险情。

风貌：没有保护价值的历史建筑或民居。

农宅编号

15

问题

建筑立面无风貌，承重墙柱已经有破损或老化严重。

策略

1. 拆除。
2. 保护好具有历史价值或完好的传统建筑构件（门窗、窗扇等）。
3. 建筑材料的创新利用，发挥其历史价值。

（b）

| 位置 | 阳塘村龙王组 | 现状立面、整治改造措施及效果 | | |
|---|---|---|---|---|
| 建筑现状评价 | 本建筑临近道路，为两层平屋顶建筑，砂石材料外墙、白墙，配红棕色门窗，建筑质量较好。 | 现状风格 | 现状建筑材料 | 现状建筑色彩 |
| | | 现代风格兼平屋顶 | 建筑为两层砖混结构，砂石材料外墙、涂漆 | 米黄色墙、白墙、红棕色门框 |
| 主要整治措施 | 1. 对屋顶进行平改坡处理。<br>2. 建筑色彩调整。<br>3. 门窗整改。 | | | |

屋顶"平改坡"
改变窗户形式和窗框颜色
对护栏进行改造
改变门形式
进行庭院改造

改造前

| 主要材料及经济估算表 | 材料 | 单位 | 单价 | 用量 |
|---|---|---|---|---|
| | 窗防护网 | 元/m² | 100 | 8m² |
| | 小青瓦 | 元/匹 | 0.30 | 182匹 |
| | 面砖 | 元/m² | 28 | 35.1m² |
| | 涂料 | 元/kg | 8 | 24.2kg |
| | 木制栏杆 | 元/m | 300 | 10m |
| | 窗 | 元/m² | 80 | 14m² |
| | 庭院 | 元/套 | 3000 | 1套 |
| | 复古门 | 元/套 | 1000 | 2套 |
| | 主要经济估算表 | | | |
| | 基地面积 | 112m² | 单方造价 | 99.56元 |
| | 总造价 | 11151元 | | |
| | 注：常用材料参考市场价值 | | | |

改造后

图 2-3　项目二图件文件成果（续）　　　（c）

（b）村庄农宅风貌整治策略图；
（c）村庄农宅风貌整治方案图

（2）设计成果，见图 2-3

村庄农宅风貌现状分析图；

村庄农宅风貌整治策略图；

村庄农宅风貌整治方案图。

2. 拟定工作计划（表 2-2）

村庄农宅风貌整治工作计划表　　　　　　　　　　　　　　　表 2-2

| 项目二 村庄农宅 风貌整治 工作流程 | 任务2.1 村庄农宅风貌实地调研 | | 任务2.2 村庄农宅风貌现状分析 | | | 任务2.3 村庄农宅风貌整治策略 | | | 任务2.4 村庄农宅风貌整治方案 | | | |
|---|---|---|---|---|---|---|---|---|---|---|---|---|
| | 【1】实地调研农宅风貌 | 【2】实测重点整治农宅 | 【3】分类评估农宅质量 | 【4】分析现状农宅风貌 | 【5】绘制农宅风貌现状分析图 | 【6】确定农宅风貌意向 | 【7】拟定农宅整治策略 | 【8】绘制农宅风貌整治策略图 | 【9】明确整治措施，绘制方案草图 | 【10】确定材料选型，完成效果图 | 【11】估算风貌整治经济指标 | 【12】绘制农宅风貌整治方案图 |

| | 工作步骤 | | 操作要点 | 知识链接 | | 分工安排 |
|---|---|---|---|---|---|---|
| 1 | 任务 2.1 村庄农宅 风貌实地 调研 | 实地调研农宅 风貌 | 1. 观察记录农宅的外观与细节；<br>2. 收集农宅基本信息；<br>3. 整理农户整治意愿 | | 微课：农宅风貌实地 调研 | |
| 2 | | 实测重点整治 农宅 | 1. 绘制实测草图；<br>2. 现场实测尺寸数据；<br>3. 绘制 CAD 图纸 | | 微课：农宅实地测量 | |
| 3 | 任务 2.2 村庄农宅 风貌现状 分析 | 分类评估农宅 质量 | 1. 找出农宅质量问题；<br>2. 分析农宅质量分类 | | 微课：农宅质量评估 方法与要点 | |
| 4 | | 分析现状农宅 风貌 | 1. 总结农宅体量、风格与色彩 特点；<br>2. 总结农宅外观要素的材质、色彩；<br>3. 综合农宅质量与风貌进行现状 分类 | | 微课：农宅风貌现状 分析要点 | |
| 5 | | 绘制农宅风貌 现状分析图 | 1. 绘制农宅布局平面图；<br>2. 绘制农宅质量现状分类图；<br>3. 总结村民小组农宅风貌现状 | | 微课：农宅风貌现状 分析图绘制 | |

| 工作步骤 | | | 操作要点 | 知识链接 | | 分工安排 |
|---|---|---|---|---|---|---|
| 6 | | 确定农宅风貌意向 | 1.分析当地传统民居外观特征和村民农宅中生活生产需求，构思农宅立面外观造型；<br>2.分析农宅功能提升，优化风貌意向 | | 微课：农宅风貌整治要点 | |
| 7 | 任务 2.3<br>村庄农宅风貌整治策略 | 拟定农宅整治策略 | 1.分类拟定农宅整治策略；<br>2.在 B、C 级农宅中确定重点整治对象 | | 微课：农宅风貌整治策略 | |
| 8 | | 绘制农宅风貌整治策略图 | 1.遴选最具代表性的农宅单体照片；<br>2.表达村庄风貌意向图（手绘、实景图或利用 AI 生图）；<br>3.分别表达各类农宅的整治策略 | | 微课：农宅风貌整治策略分类图 | |
| 9 | | 明确整治措施，绘制方案草图 | 1.明确农宅外立面各部位整治措施；<br>2.研讨并确定一栋农宅的立面手绘草图；<br>3.按统一风貌完成其余农宅草图 | | 微课：农宅立面整治措施 | |
| 10 | 任务 2.4<br>村庄农宅风貌整治方案 | 确定材料选型，完成效果图 | 1.分析本土传统材料的应用可能，挑选性价比适宜的材料，明确立面各部位材料；<br>2.构建场地及建筑模型，渲染效果图出图 | | 微课：农宅立面常用材料 | |
| 11 | | 估算风貌整治经济指标 | 1.根据效果图与立面图计算各材料用量；<br>2.完成农宅风貌整治经济估算 | | 微课：农宅立面常用材料估算方法 | |
| 12 | | 绘制农宅风貌整治方案图 | 1.表达改造前实景照片及现状情况；<br>2.表达改造后效果图及主要整治措施；<br>3.罗列本栋农宅风貌整治经济估算表 | | 微课：农宅风貌整治方案图绘制 | |

# 任务实施

## 任务 2.1 村庄农宅风貌实地调研

在我国经济高速发展时期，大部分村庄呈现不同年代的农宅无规划建设，风格、色彩严重不协调，以及不顾村庄风貌乱搭乱建的情况。

农宅风貌实地调研任务通过实事求是地入村走访、调研、测量农宅，分析、研判现状农宅的质量与风貌问题，并进行科学分类，为后续分类整治做好准备。

### 2.1.1 农宅实地调研

**1.厘清各栋农宅调研内容**

为高效完成现场调研任务，在赴现场调研前，需要对调研内容进行梳理，并做好调研相关准备。如打印好村民小组的地形图或卫星图，并依据卫星图确定农宅栋数，以栋为单位准备好以下实地调研清单等（表2-3）。

村庄农宅风貌整治实地调研清单　　　　　　　　　　　　　　表2-3

| 农宅编号与布局图 | | 建筑区位 | ☐ | 扫描二维码下载电子清单 |
| --- | --- | --- | --- | --- |
| | | 建筑各立面照片 | ☐ | |
| | | 建筑细节照片 | ☐ | |

农宅信息清单

**农宅编号【 】**

**建筑层数** ☐1层　☐2层　☐3层及以上
　　　　　总建筑面积 ＿＿＿m²，一层 ＿＿＿m²，二层 ＿＿＿m²，三层 ＿＿＿m²

**建造年代** ☐1980年及以前　☐1981—1990年　☐1991—2000年　☐2001—2010年　☐2011年及以后

**结构类型** ☐砖混结构（预制板）　☐砖混结构（现浇板）　☐夯土结构　☐木结构　☐混凝土结构　☐窑洞　☐钢结构
　　　　　☐混合结构　☐其他：＿＿＿＿＿＿

**建造方式** ☐自行建造　☐建筑工匠建造　☐有资质的施工队伍建造　☐其他：＿＿＿＿＿＿

**是否改造** ☐否　☐是　☐改造1次　☐改造2次及以上

**改造内容** ☐楼顶加层　☐周边扩建　☐楼内设夹层　☐改变承重结构　☐其他：＿＿＿＿＿＿

**是否经营用** ☐是　☐否

**主要用途** ☐餐饮饭店　☐民宿宾馆　☐批发零售　☐医疗卫生　☐休闲娱乐　☐生产加工　☐仓储物流
　　　　　☐其他：＿＿＿＿＿＿（多选）

**安全情况** ☐基本安全　☐存在风险

**风险部位** ☐墙体　☐梁柱　☐地基　☐屋面　☐楼板　☐其他：＿＿＿＿＿（多选）

**风貌整治情况** ☐已整治　☐计划半年内整治　☐计划1年内整治　☐无整治计划　☐其他：＿＿＿

**风貌整治预算范围** ☐1万元以下　☐1万~2万元　☐2万~3万元　☐3万~5万元　☐5万元以上

**风貌整治功能提升预期** ☐改善防水　☐改善隔热　☐改善防晒　☐改善通风　☐其他：＿＿＿（多选）

**风貌整治外观风格喜好** ☐现代简洁　☐现代中式　☐中式传统　☐其他：＿＿＿＿＿

村庄农宅风貌整治实地调研清单清晰罗列了每一栋建筑实地调研的具体内容，包括通过与户主沟通需要掌握的信息：农宅建筑的层数、建造年代、结构类型、建造方式、改造经历、当前用途以及农户家庭结构、人口构成以及户主对整治的设想、风格喜好以及整体预算等；通过观察了解到的信息：农宅当前建筑安全情况、建筑风险部位以及风貌整治情况等；通过照片纪录的信息：能展示建筑各立面整体面貌的照片以及建筑外墙饰面材料、栏杆、窗、门廊、屋面、檐口等细节的照片等。

**2. 收集村庄农宅相关资料**

除收集农宅的现状信息外，还需收集当地传统民居案例和资料、水文和气候条件资料、本土材料及乡土工艺相关资料，村民生产生活习惯和习俗等资料。

### 2.1.2 实地测量农宅

制订各栋农宅建筑整治方案时，需要依据数据草图来构建建筑现状模型。因此，在实地调研时还需要对建筑四个立面和屋面等外观进行完整、精确的尺寸测量，并完成现状 CAD 图的绘制。以立面为例，具体操作步骤如下（图 2-4）：

图 2-4　操作步骤图

①首先，对比卫星图仔细观察农宅建筑，分析其朝向及体量特征。分解建筑立面，形体复杂时，需要分别绘制外立面与内庭院立面。

②绘制立面草图时，可通过观察直接绘制也可借助 Photoshop 软件或平板电脑 App 等信息化手段完成。

**特别提示**

**实地测量安全守则**

1. 测量人员戴安全帽，穿防滑鞋；不在高处临边、悬崖陡坡上工作，不攀高。需要测量高度时可借助红外线测距仪完成；

2. 不在人流多，有车辆往来的区域测量；

3. 注意与高压线、电缆、机械设备保持安全距离；

4. 测量乡村易燃物较多区域，需严禁烟火；

5. 大风、雷雨、大雾天气，应停止测量；

6. 减少重复测量，尽量减少对农户的打扰，在测量前须获得户主许可；

7. 环境条件对红外测距仪的工作影响很大，使用时要避免有强光源、反光材料和强电磁干扰等影响，注意保护测量仪器。

## 任务2.2　村庄农宅风貌现状分析

基于现状开展农宅立面改造，不大拆大建，控制成本，高效整治，是村庄农宅风貌整治的基本要求，农宅极具时代性，多时期农宅共处的情况使得现状较为复杂，我们需要学会有效分析才能正确引导后续风貌整治策略的拟定。农宅风貌现状一般从两个方面分析。一是对农宅建筑结构、外墙构件等质量情况进行建筑安全性分析；二是分析农宅现状风貌与村庄风貌是否冲突。结合两方面综合情况归纳出四类农宅现状。

### 2.2.1　农宅质量评估

村庄农宅建筑受建筑年代、建造材料、施工技术及使用情况的影响，呈现出参差不齐的建筑质量，部分农宅存在安全隐患。所以，在农宅风貌整治时，需兼顾建筑工程质量的整改，解决安全隐患，提升农宅建筑安全性。

在质量评估时，为便于后续系统化地合理拟定质量整改策略，一般采取分类分析的方式。当前各地农宅质量分类方式不尽相同，本书参考住房和城乡建设部印发的《农村住房安全性鉴定技术导则》和《民用建筑可靠性鉴定标准》GB 50292—2015总结了以下A、B、C、D四种质量类型。各类型特征如下（表2-4）：

A级农宅：该类型农宅结构安全，外立面构件不存在功能性问题，且农宅风貌完整性好，仅有外墙饰面脏污或建筑色彩冲突问题。例如图2-5中农宅建筑，房屋结构安全，外立面构件不存在功能性问题。

B级农宅：该类型农宅结构基本满足安全使用要求；外墙、屋面、门窗存在面材剥落，或漏水、渗水等情况，但不影响结构安全。或外墙饰面不完整，风貌不完整或无任何外立面装饰。外立面装饰构件存在质量问题。例如图2-6中农宅建筑，其结构基本满足安全使用要求。建筑外观完整性不强、没有外观装饰。

C级农宅：该类型农宅外观存在损伤和破坏情况，外墙、柱等部分承重结构主体有开裂等情况，不能满足安全使用要求，构成局部危房。农宅风貌不完整或无任何外立面装饰。外墙、柱、屋面、立面装饰构件存在较大质量安全问题。例如图2-7中农宅建筑，外饰面、木门窗、屋面等存在一定程度损坏。

D级农宅：该类型农宅有整体倾斜、变形，承重结构已不能满足安全使用要求，房屋整体出现险情，且非有保护意义的传统民居或历史建筑。例如图2-8中农宅建筑，房屋有整体倾斜、变形，承重结构已不能满足安全使用要求，房屋整体出现险情。

不同农宅质量评估示意 表2-4

| A 级 | B 级 |
|---|---|
|  |  |
| 图2-5　A 级农宅 | 图2-6　B 级农宅 |
| C 级 | D 级 |
|  |  |
| 图2-7　C 级农宅 | 图2-8　D 级农宅 |

知识链接

《农村住房安全性鉴定技术导则》节选

第八条　在房屋组成部分危险程度鉴定基础上，对房屋整体危险程度进行鉴定，按下列等级划分：

A级：结构能满足安全使用要求，承重构件未发现危险点，房屋结构安全。

B级：结构基本满足安全使用要求，个别承重构件处于危险状态，但不影响主体结构安全。

C级：部分承重结构不能满足安全使用要求，局部出现险情，构成局部危房。

D级：承重结构已不能满足安全使用要求，房屋整体出现险情，构成整幢危房。

第十一条　房屋外部检查重点为：

1. 房屋周边环境情况。

2. 房屋的层数、高度、平立面布置、主要建筑材料、楼（屋）盖形式等。

3. 地基基础的稳定和变形情况。

（扫描二维码查看《农村住房安全性鉴定技术导则》全文）

4.房屋是否有整体倾斜、变形。

5.房屋外观损伤和破坏情况。

### 2.2.2　农宅建筑风貌分析

村庄农宅建筑的风貌分析是对多栋建筑外观形象综合分析与归纳总结，一般采取从宏观到微观、从整体到细节的分析方法。首先整体分析农宅的建筑风格、体量及色调；再对农宅的外墙、柱、屋顶、外门窗、阳台、门廊等外立面各构件从形式、材料、色彩与装饰细节等方面进行归纳总结。

建筑色彩：主要分析村民小组整体建筑群所呈现的主体色调，总结提炼出主体色、辅助色和点缀色。主体色重点分析各建筑屋身等色彩构成上占比较大的部分，辅助色通常分析体积仅次于主体色的屋顶或大面积窗等部位，而点缀色一般分析门窗、栏杆、门廊等立面装饰构件的色彩。

如图2-9中，建筑群以白色、米色浅色调为主，辅以深灰色、暗红色的屋面，再点缀蓝绿色玻璃。建筑以浅色调融入黄绿色调的乡村景色中，呈现一副自然和谐、生机勃勃的景象。

外墙、柱：主要分析建筑物的外墙墙面材料、色彩，柱子的样式、材料与色彩等，主体裸露时还需分析墙体、柱的主体结构形式与材料。

如图2-9村民小组中大部分农宅建筑正立面为面砖饰面，其余为水泥砂浆抹面饰面，以白色为主、少数米色外墙面砖。其中有四栋保存较好的传统民居，均为米色夯土墙外墙。

建筑屋顶：包括分析建筑屋顶、檐口、屋脊等形式及材质。屋顶形式常见有平屋顶、双坡屋顶、四坡屋顶、歇山顶、曲面屋顶等；通过瓦材分析屋顶的色彩与材质，常见的有小青瓦、波形瓦、西班牙瓦等；分析檐口的形式，常见有内天沟、外天沟、屋檐雨篷以及坡屋檐等；分析屋脊装饰物的样式，以及色彩与材料等。

村庄农宅风貌现状分析：

如图2-9中的村民小组，其农宅整体以白色或米色面砖的两层现代风格建筑为主。外墙仅正面饰面砖。建筑屋顶为双坡屋面，以暗红色或深灰色小青瓦为主，出挑外天沟，屋脊无任何装饰。大多数农宅主立面开窗多且大，为绿色或蓝色玻璃的铝合金推拉窗，无窗楣、窗台等装饰。农宅采用通长的封闭阳台。大门以不锈钢或铝合金多扇平开门为主，所有农宅均未设置入户廊。

（扫描二维码查看图2-9全彩图片）

图2-9　纸厂河镇金鸡山村村民小组实景照片

如图2-9村民小组中农宅建筑全部为双坡的悬山屋面形式，屋面材料以暗红色或深灰色小青瓦为主。现存传统民居的双坡屋面为无天沟的自由落水形式。新建农宅多采用了出挑外天沟檐口，外饰面砖与主体外墙同色，屋脊无任何装饰。

外门窗：建筑外墙门窗不但影响建筑外观，还会影响建筑的通风、采光、日照和隔热等效果。外门窗主要从门窗的形式、大小、数量、色彩、材料和装饰细节六个方面展开分析。窗常见的形式有平开窗、推拉窗、悬窗、固定窗等，门的常见形式有平开门和推拉门；常用材料有木门窗、铝金窗门窗以及新型节能门窗等；玻璃色彩常选用清透玻璃或蓝、绿色玻璃等。

如图2-9村民小组中大部分农宅正立面开窗面积大、数量多，以白色或银色铝合金推拉窗为主，玻璃以绿色和蓝色玻璃为主。无窗框、窗楣，窗台无装饰，少数农宅设不锈钢防盗网。大门以不锈钢或铝合金多门扇平开门为主，个别农宅选用暗红色金属大门。

阳台：主要分析阳台的形式、风格、阳台栏杆或栏板的样式、材料、色彩和装饰细节等，农宅常见的阳台形式有凸阳台、凹阳台、半凸半凹阳台，又分开敞阳台与封闭阳台；常见的栏杆形式与材料有金属栏杆、木栏杆、玻璃栏板等；常见的样式有现代简洁、中式传统、欧式风格等。

如图2-9村民小组中农宅，以通长的封闭阳台为主。封闭阳台时选用白色或银色铝合金推拉窗。玻璃以绿色和蓝色玻璃为主。无外窗框、窗楣、窗台等装饰，均未设置防盗网。

门廊：门廊是指农宅入口处的大门、台阶及雨篷处。门廊常作为建筑外立面的造型重点，可从门廊的构成、装饰风格、饰面材料和色彩等方面来分析。

如图2-9村民小组中农宅，均未独立设置入户门廊。利用二楼封闭阳台作为入户的挑檐。

### 2.2.3 绘制农宅风貌现状分析图

农宅风貌现状分析图的图纸表达主要包含农宅布局、农宅质量现状与分类、村民小组农宅风貌现状总结等内容，要求图文并茂，清晰易读，见图2-10。其具体绘制要点有：

1. 农宅布局图

在村民小组总平面或卫星图基础上标注各栋现状农宅的位置与编号。为使农宅位置表达更明确，图底关系表述更清晰，建议底图去色处理，突显彩色图例。

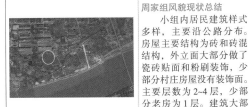

阳塘村周家组范围

周家组风貌现状总结

　　小组内居民建筑样式多样，主要沿公路分布。房屋主要结构为砖和砖混结构，外立面大部分做了瓷砖贴面和粉刷装饰，少部分村庄房屋没有装饰面。主要层数为2~4层，少部分老房为1层。建筑大部分质量较好，质量级别均为B级。

阳塘村周家组范围

## 农宅质量评估与分类

1 年份：2008年
房屋层数：2层
质量级别：B级

2 年份：1989年
房屋层数：2层
质量级别：B级

3 年份：1989年
房屋层数：2层
质量级别：B级

4 年份：2003年
房屋层数：2层
质量级别：B级

5 年份：1987年
房屋层数：2层
质量级别：B级

6 年份：1990年
房屋层数：2层
质量级别：B级

7 年份：2001年
房屋层数：2层
质量级别：B级

8 年份：1989年
房屋层数：2层
质量级别：B级

9 年份：2009年
房屋层数：2层
质量级别：B级

### 2. 农宅质量现状与分类图

　　依据农宅编号，逐一罗列现状基本信息，包括现状全景照片、建造时间、建筑层数以及房屋质量与建筑风貌等主要信息分类情况。

### 3. 村民小组农宅风貌现状总结

　　包括村民小组的区位，对村民小组内所有农宅的建筑外观风貌总结，文字描述要求清晰简洁、内容准确、简明扼要。

图2-10 阳塘村周家组农宅风貌现状分析图

## 任务 2.3 村庄农宅风貌整治策略

村庄农宅风貌整治旨在改善村民居住环境和村庄建筑的整体风貌，同时推动村庄传统文化的保护与传承。农宅风貌整治策略的拟定需统筹村庄整体风貌，在延续传统民居样式的基础上，通过现代建造技术，综合考虑乡土材料更新、立面功能提升等措施，使村庄的美观度和实用性同步提升，增强村庄吸引力，从而推动村庄环境提质、促进村庄生态文明建设、助力乡村振兴。

### 2.3.1 明确农宅风貌整治意向

**上海奉贤李窑村**

李窑村在整体的乡村肌理风貌上有很好的基础，因其自明清起所产青砖量大质优而闻名，有着自身鲜明的文化底蕴。整治前，一些村中农民自建房年久失修、结构安全性较差，甚至形成危房。设计团队对现状建筑进行分类，有针对性地拟定整治策略，包括屋顶做法、披檐样式、结构加固、门窗形式、材料组合利用等。采取了在立面结构薄弱的地方用仿青砖柔石贴面代替真实青砖的整治措施，新材料的应用既满足效果又不为结构带来负担，真正做到了"因地制宜"。见图 2-11～图 2-13。

（扫描二维码查看图 2-11 全彩图片）

图 2-11 上海奉贤李窑村实景航拍

明确风貌意向是拟定整治策略的开端，也是农宅风貌整治的难点。只有统一整治策略、明晰风貌目标，才能引导后续精确制订各农宅风貌整治方案。拟定整治策略时一般需要遵循以下六个原则：

**1. 结合村落环境、找准风貌定位、统筹村庄风貌**

农村住宅是构成村庄风貌的主要建筑元素，各要素需要共同遵循村庄风貌塑造的整体要求。所以，必须协调村庄风貌整治的统筹需求，确定农宅风貌定位。尤其是打造特色村落时，不仅需要协调色彩、材料的应用，还需考虑装饰构件建造和外观软装的配合。如李窑村以青砖、青瓦为肌理，统筹整村所有要素进行综合整治，图2-14、图2-15中村内建筑外墙、村牌标识风格一致。

**2. 基于村庄农宅现状确定农宅风貌为整治基调，不大拆大建**

2021年中央一号文《中共中央 国务院关于全面推进乡村振兴加快农业农村现代化的意见》中强调编制村庄规划要立足现有基础，保留乡村特色风貌，不搞大拆大建。在拟定整治策略时，必须基于现状分析，拟定对于全村整治工程量最小的整治目标，尤其"不刮风搞运动"、不违背农民意愿、不搞大拆大建。

图2-12 李窑村奉某农宅改造前实景照片（左）

图2-13 李窑村奉某农宅改造后实景照片（右）

（扫描二维码查看该页全彩图片）

图2-14 李窑村建筑外墙中青砖应用（左）

图2-15 李窑村入口标识小品中青砖应用（右）

### 3.保护传统民居与具有历史意义的建筑

乡村建筑凝聚了当地村民的智慧、民俗、文化，花费大量的人力物力建造而成，拥有较高的历史文化价值及独特的建筑风格。部分传统民居建筑虽然出现了较为严重的损坏、残缺的现象。但其作为乡村中建造年代较悠久的建筑，仍具有较高的历史价值。整治中必须对历史价值较高的建筑进行保护，或采用融合共生的策略对其进行合理的修缮与复原。北京市房山区水峪村中部分传统民居已非常破旧，见图2-16，经修缮后与村内各时期建筑和谐共存，见图2-17。

### 4.延续乡村脉络、传承建筑风貌

在我国早期乡村改造的活动中，出现了两种不合理的建造理念：一种是强调对乡村景观、建筑全盘的保护与继承，使得改造后的建筑仍无法满足现代生活的功能需求；另一种是置乡村的脉络、自然风光、传统文化、建筑特色于不顾，照搬照抄现代城市中的小洋楼建筑造型而失去了乡村独特的地域气息和传统建筑价值。

农宅风貌整治需要在保护乡村脉络、传统建筑的同时，结合乡村的传统文化与现代文化、设计理念与建造技术对其进行整治，使农宅建筑能

图2-16 北京市房山区水峪村破旧的传统民居

图2-17 北京市房山区水峪村修复后的传统民居

更好地契合人们的审美要求，打造集地域性、文化性、历史性、舒适性于一体的乡村新农宅。如图 2-18、图 2-19 中李窑村的农宅，在风貌整治中强调青砖、木材的质感，简化外墙装饰与门窗细节，辅以新型节能窗增加采光面积，以新旧材料结合的方式打造了有着李窑村特色风貌的新时代农宅。

### 5. 提升农宅功能性，改善被动式节能

农宅立面改造不应仅以打造建筑风貌为目标，还需秉承以人为本的人居理念，以提高建筑外立面构建的功能性，提升居住舒适度为目标。可从防潮、防水、隔热、保温、日照、采光、遮阳等方面提升农宅建筑绿色、健康、舒适、节能和可持续性，打造被动式、超低能耗、低碳甚至零碳的农宅建筑。

如图 2-18 中朝南的农宅建筑，在整治时更换了节能门窗，且在大面积采光窗上增设了遮阳雨篷；图 2-19 中的农宅朝西，整治时改开小窗增加了实墙面积，面积较大的窗则增设活动遮阳板，在入口处玻璃门窗上设三向遮阳，还加设了青砖错砌的花格墙遮阳，改善了农宅西晒问题，大大地提升了农宅建筑被动式节能水平。

图 2-18　改造后的李窑村
　　　　农宅

图 2-19　改造后的李窑村
　　　　农宅

### 6. 尊重村民基于建造工艺、造价水平等因素的考虑

当前，我国多数乡村的农宅建筑都由乡村建设工匠施工完成。所以，在拟定整治策略时，需要考虑改造施工的工艺难度，以及施工条件和机械化施工的可行性。

在村庄环境整治时，农民用于建筑外观改造的预算是有限的。所以，在拟定策略时，还需从材料、施工费用等方面进行经济估算，尽量选择低造价的整治策略。

**知识链接**

2021 年中央一号文件《中共中央 国务院关于全面推进乡村振兴加快农业农村现代化的意见》节选

四、大力实施乡村建设行动

（十四）加快推进村庄规划工作。2021 年基本完成县级国土空间规划编制，明确村庄布局分类。积极有序推进"多规合一"实用性村庄规划编制，对有条件、有需求的村庄尽快实现村庄规划全覆盖。对暂时没有编制规划的村庄，严格按照县乡两级国土空间规划中确定的用途管制和建设管理要求进行建设。编制村庄规划要立足现有基础，保留乡村特色风貌，不搞大拆大建。按照规划有序开展各项建设，严肃查处违规乱建行为。健全农房建设质量安全法律法规和监管体制，3年内完成安全隐患排查整治。完善建设标准和规范，提高农房设计水平和建设质量。继续实施农村危房改造和地震高烈度设防地区农房抗震改造。加强村庄风貌引导，保护传统村落、传统民居和历史文化名村名镇。加大农村地区文化遗产遗迹保护力度。

（扫描二维码查看 2021 年中央一号文件《中共中央国务院关于全面推进乡村振兴加快农业农村现代化的意见》全文）

### 2.3.2 分类拟定农宅风貌整治策略

依据农宅现状质量、现状风貌情况等，将农宅分为四类，分析各类建筑现状的主要特征和存在的问题，对应问题思考解决方案、拟定整治策略（表 2-5）。

农宅风貌分类整治策略表　　　　　　　　　　　　　　　　　　　　表2—5

| A级 | <br>图2-20　A级农宅实景 | **现状特征：**<br>房屋结构安全；外立面构件不存在功能性问题。农宅风貌完整性好，或仅有外墙饰面脏污、建筑色彩冲突等问题，见图2-20 |
|  |  | **整治策略：**<br>以清洁、墙漆换新和色彩统一为主要策略，包括：建筑外墙面砖清洗；建筑外墙粉刷；建筑风格、色彩与村庄风貌冲突时，外墙喷漆改色；外墙局部构件色彩与村庄风貌冲突时，外墙喷漆改色 |
| B级 | <br>图2-21　B级农宅实景 | **现状特征：**<br>结构基本满足安全使用要求；外墙、屋面、门窗存在面材剥落，或漏水、渗水等情况，但不影响结构安全；外墙饰面不完整，或无任何外立面装饰；装饰构件存在质量问题，见图2-21 |
|  |  | **整治策略：**<br>以策略意向图为引导，通过修缮外墙、门窗、门廊等构件或修缮农宅饰面、新增装饰构件等措施来重构建筑风貌。包括：新增建筑外墙、门窗、门廊等装饰构件；修缮建筑屋顶，修复防水、隔热等问题，或采取"平改坡"等方式更换屋面形式 |
| C级 | <br>图2-22　C级农宅实景 | **现状特征：**<br>房屋外观存在损伤和破坏情况，构成局部危房。外墙、柱等部分承重结构主体有开裂等情况，不能满足安全使用要求；外墙、柱、屋面、立面装饰构件存在较大质量安全问题，见图2-22 |
|  |  | **整治策略：**<br>主体加固、改造建筑外立面和屋面，重构建筑风貌；对有开裂、倾斜的外墙、柱等部分承重结构主体进行加固处理；以策略意向图为引导，进行外立面改造；立面整治意向的提出需考虑农宅整治的要求，并优先考虑本地材料和可再利用资源等 |
| D级 | <br>图2-23　D级农宅实景 | **现状特征：**<br>非有保护意义的传统民居或历史建筑。房屋有整体倾斜、变形，承重结构已不能满足安全使用要求，房屋整体出现险情，见图2-23 |
|  |  | **整治策略：**<br>以拆除为主要策略。对拆除卸下的完整传统建筑构件（门扇、窗扇、雕花梁等）制定再利用方案 |

### 2.3.3 绘制农宅风貌整治策略图

农宅风貌整治策略图的图纸表达主要应包含村庄风貌现状、村庄风貌意向、村民小组农宅分类整治策略等内容，要求策略对象图像完整、策略层次清晰，整治风格明确，见图2-24。其具体绘制要点有：

①**村庄风貌现状**：村庄农宅现状风貌图，可以展示整个村民小组农宅建筑群的整体鸟瞰，也可展示最具代表性的农宅单体照片，并简要描述现状主要问题。

②**村庄风貌意向**：以图文结合的方式，表述整治后的未来景象。对应的文字内容除描述整体风格外，还需着重描述建筑细节的样式、材料与色彩。

③**村民小组农宅分类整治策略**：依据农宅的质量与风貌分类，分别表达各类农宅的现状特征、农宅编号、主要问题和详细策略。

（扫描二维码查看图2-24全彩图片）

| 村庄风貌总结 | A级 | B级 | C级 | D级 |
|---|---|---|---|---|
| <br><br>无建筑立面风格，外墙老旧无装饰，有部分损坏情况。 | **质量：** 房屋结构安全，外立面构件不存在功能性问题。<br>**风貌：** 农宅风貌完整性好，或仅有外墙饰面脏污或建筑色彩冲突等问题。 | **质量：** 结构基本满足安全使用要求。外墙、屋面、门窗存在面材剥落、漏水、渗水情况，但不影响结构安全。或外墙饰面不完整。<br>**风貌：** 农宅风貌不完整或无任何外立面装饰。外立面装饰构件存在质量问题。 | **质量：** 房屋外观存在损伤和破坏情况。外墙、柱等部分承重结构主体有开裂等情况，构成局部危房。<br>**风貌：** 农宅风貌不完整或无任何外立面装饰。外墙、柱、屋面、装饰构件存在较大质量问题。 | **质量：** 房屋有整体倾斜、变形，承重结构已不能满足安全使用要求，房屋整体出现险情。非有保护价值的历史建筑或民居。<br>**风貌：** 无任何饰面的简易风格。 |
| <br>屋面统一采用小青瓦的双坡屋顶，墙体以白色色调为主，采用灰色面砖勒脚，门窗采用仿古花格门窗。 | <br>**农宅编号：** 7、11、12、13、14<br>**问题：** 建筑立面无风格。<br>**策略：** 建筑外墙面砖清洗、建筑外墙粉刷；建筑风格、色彩与村庄风貌冲突之时，外墙喷漆改色；外墙局部构件色彩与风貌冲突时，构件改色。 | <br>**农宅编号：** 2、4、5、6、10<br>**问题：** 窗户、雨篷老旧损坏。<br>**策略：** 外墙、门窗、门廊等构件修缮；建筑屋顶修缮，修复防水、隔热等问题。屋面"平改坡"。 | <br>**农宅编号：** 1、8<br>**问题：** 外墙无装饰、损坏及老旧。<br>**策略：** 对有开裂、倾斜等的外墙、柱等承重结构主体进行加固处理，后立面改造时，考虑农宅整治的要求，优先采用本地材料、可再利用资源等。 | <br>**农宅编号：** 3、9<br>**问题：** 地基损坏，结构破损，长期空置；部分结构完整。<br>**策略：** 拆除；拟定完好的传统建筑构件（门扇、窗扇、雕花梁等）和建筑材料的再利用方案。 |

图2-24 某村民小组农宅风貌整治策略图

## 任务2.4 村庄农宅风貌整治方案

农宅风貌整治工作不是单一地为乡村房屋"穿衣戴帽",而是一次改变村民传统生活方式的"生活革命",需要因地制宜、因势利导地为每栋需要整治的农宅制订整治方案,在综合考虑村庄的地形与气候特点、文化传统与民居建筑特点的前提下,在打造环境优美整洁的宜居宜业生态新农村的前提下,按照"统一风格、统一样式、多种措施"的原则,以独特的建筑语言形成具有"中国情、地方味"的农宅风貌。

### 2.4.1 拟定农宅风貌整治措施

**十八洞村农宅风貌整治案例**

本农宅为一栋两层的砖混结构建筑。在建筑屋面整治中突出了传统苗族民居瓦屋相连的山居特色,采用了分层错落的双坡屋顶,产生了多栋建筑错落组合的视觉效果。在建筑外墙整治建材选择上,通过新材料和新技术的使用控制建筑造价、提升建筑耐久性、降低施工难度等,同时又达到了"乡土性""接地气"的效果,完成了新建筑和本地乡土建筑的情感联结,见图2-25、图2-26。

（扫描二维码查看
图2-25、图2-26
全彩图片）

图2-25 十八洞村某农宅
整治前实景照片
（左）

图2-26 十八洞村某农宅
整治后实景照片
（右）

**整治措施：**增加雨檐、阳台、坡屋顶,选用当地自产的木材与石材做外墙饰面。

**材料：**当地木材、当地片石、浅黄色泥浆抹灰、实木栏杆、深灰色小青瓦。

为实现整治风貌意向,达到整治效果,在为各栋农宅制订详细的整治方案时,一般采取包括建筑色彩、建筑外墙、建筑屋顶、建筑门窗、建筑阳台、建筑门廊等立面构件要素的具体整治措施。

**1.建筑色彩**

应根据村庄规划的风貌主题确定建筑的基本色调,包括确定建筑的主

图 2-27　整治后的十八洞村农宅建筑色彩

（扫描二维码查看图 2-27 全彩图片）

图 2-28　外墙加固措施——局部立面示意（左）

图 2-29　外墙加固措施——局部立面示意（中）

图 2-30　外墙加固措施——构造柱与墙体连接节点示意（右）

体色和辅助色色彩；为保障特色风貌区新旧建筑色调和谐统一，农宅色彩需与传统建筑色彩保持一致；需注意建筑单体不宜超过三种色彩。

一般确定建筑色彩的具体措施包括：首先协调村庄风貌整治策略中建筑色彩的整治意向，农宅外立面宜采用浅色，并以单一主色为主。其次依据色彩，明确材料。色彩是依附于材料而存在的，材料对色彩的感觉起到重要的作用。常用的材料可分为自然材料和人造材料两类，两者通常是被人们结合使用的。自然材料涵盖的色彩比较细致、丰富，多为自然、朴素的色彩，艳丽的色调比较少；人造材料色彩丰富，但层次感比较单薄。如图 2-27 中，整治后的十八洞村农宅建筑以木材、黄土砖为外墙主材料，明确了主体色为暖黄色调；屋面采用小青瓦，明确了辅助色为深灰色；最后点缀了红色的屋檐板和大红灯笼。

## 2. 建筑外墙

建筑外墙的整治措施一般包括对墙体的修缮、加固等安全措施和清洗外墙、更新饰面材料、增加装饰构件等风貌打造措施两方面。

外墙加固措施有很多种，当前相对较新的技术措施有：一是采用墙中或墙内侧增加结构构件，墙顶部增加圈梁，窗洞口加过梁，门洞口两侧加构造柱，原木柱更换成混凝土圆柱，空斗墙体灌浆等措施，见图 2-28；二是腐烂木柱和木梁凿除修复加固，墙体内侧高强镀锌钢丝网片加固和高强聚合物砂浆涂抹，倾斜度较大的墙体拆除重砌，见图 2-29；三是墙体内侧局部增加内衬墙、构造柱，钢筋网双向布置，空斗墙内浇混凝土块，植入钢筋与内衬墙、构造柱、圈梁的钢筋网进行拉结见图 2-30。墙面做仿古处理，辅以砂浆勾缝。

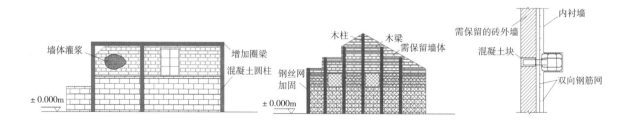

常见的立面风貌打造，一是对裸露墙体进行全面改造，重新粉刷或拼贴瓷砖等方式使建筑外立面材质、色彩保持协调，同时通过在勒脚、墙面和装饰构件等部位增加建筑外墙装饰构件、墙画等方式丰富建筑立面。具体措施有：在勒脚处通过材料拼贴、涂料涂抹等手段来美化建筑基座。二是在外墙面上通过手绘、拼图贴、铺贴陶瓷锦砖或悬挂装饰品等对立面进行艺术化处理、美化屋身，活跃村庄气氛。还可通过当地本土材料来制作装饰品，挂于外墙，展现文化特色。如图 2-31 中，沙洲村农宅在风貌整治时利用了废弃农具装饰外墙，在美化的同时还起到宣传"农耕文化"的作用。图 2-32 中丽江民居铺装了原木板做美化。

图 2-31 沙洲村农宅改造
后外墙（左）
图 2-32 丽江古城民居改
造后外墙（右）

### 3. 建筑屋顶

老旧农宅屋面由于长期使用和长时间的风化，会使屋顶部分防水、保温等性能变差，因此应根据实际情况进行屋面改造，它是功能整治与风貌整治的共同需求。风貌整治时，保留价值较高的传统建筑，其周边改造建筑应考虑与其统一屋面形式，有利于形成统一的风貌。如增加马头墙、装饰线、花饰，调整色彩等檐口细部处理的方法，达到美观的效果。具体措施有：

（1）屋顶清理：当建筑屋顶风貌与功能不存在问题时，以清理屋顶脏乱为主。一般包括对于破旧的砖瓦进行维护和替换，将水箱设施、太阳能设施排放整齐等措施。

（2）屋顶修缮：当建筑屋顶仅需进行功能性整治时，以修缮为主。一般采取更换破损瓦材，重新排布瓦材、疏导排水，修复防水层解决渗、漏水问题等措施。

（3）平屋面美化：一般以绿化美化和装饰构件美化为主。如利用水泥砂浆找坡，增铺防水卷材或涂料改善建筑的防排水系统，改造屋顶花园或增设传统种植模块与复合保温种植模块，打造屋顶菜园；在农宅建筑平屋顶上加木质或金属构架，或增设玻璃阳光房；通过女儿墙栏杆、构造柱等镂空设计，实现通透轻盈的效果等。

（4）坡屋顶美化：一般包括屋面、屋脊和檐口的美化措施。如改变瓦材的色彩、大小与材料，斜坡屋面屋顶绿化改造，增设屋脊装饰，檐口加设天沟等。

（5）"平改坡"：为解决平屋面渗水、漏水问题，同时达到风貌策略中坡屋面的外观效果，可采取"平改坡"措施。首先应采用结构轻便、施工方便和经济可靠的材料，见图2-33；其次注意屋面檐口部分风格色彩应与整体环境相协调；当坡度及面积较大时，可设老虎窗，增加通风采光。

农房屋顶"平改坡"主要建造工艺需符合下列要求：新增坡屋面承重结构宜采用钢木混合结构或木结构；宜采用装配式施工工艺；不宜采用现浇钢筋混凝土结构、砖砌体结构等需要湿作业的结构类型。瓦材优先采用烧结陶土瓦，也可采用合成树脂瓦等轻质瓦材，不宜采用彩钢瓦；木材宜采用杉木。钢材构件及与墙体或混凝土接触的木材构件应进行防腐处理。"平改坡"工程，应保留并修缮原有平屋面的防水及排水系统。

（6）"平改檐"：在不取消平屋顶的前提下，为协调平屋顶与坡屋面的风貌冲突，可对建筑进行"平改檐"，见图2-34，并根据有无女儿墙采用不同的挂瓦方式。

### 4. 建筑门窗

建筑门窗的改造包括保护、修缮和更新三类措施，质量与风貌较好的门窗以保护为主；门窗局部受损且风貌不冲突的以修缮为主；若门窗遭受严重损坏的，应替换为满足风貌要求的门窗。

虚拟动画

（扫描二维码查看
"平改坡"虚拟动画）

（扫描二维码查看
"平改檐"虚拟动画）

图2-33 "平改坡"措施示
意图（左）
图2-34 "平改檐"措施示
意图（右）

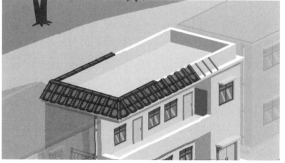

　　在保温、隔热、隔声、防盗等功能性改造的同时，还需考虑选用具有地域特色的窗户样式、鼓励使用乡土材料；窗扇可采用传统的窗花样式或装饰构件，如镂空的雕花窗花、方格栅格窗花、菱形栅格窗花等。如图2-35中农宅将传统木花格窗修缮并重新安装使用，图2-36中建筑将完整保存的传统木门利用到改造中，图2-37中的农宅改造后将传统样式的小木作装饰构件应用到节能门窗中。

图2-35　传统木窗在改造中的应用（左）

图2-36　传统木门在改造中的应用（中）

图2-37　传统样式的节能窗在改造中的应用（右）

### 5. 建筑阳台

　　阳台栏杆改造时，需注意其安全高度和抗侧推力等功能性需求，鼓励使用乡土材料、传统样式，反映地方文化特色。如图2-38中，十八洞村的农宅改造时采用木材做防腐处理后制作传统样式栏杆，提升了农宅传统建筑风貌。

### 6. 建筑门廊

　　农宅建筑的门廊主要起缓冲空间、遮阳和避免雨水侵蚀大门的作用。门廊的样式与气候条件、审美特点息息相关，传统民居非常重视门廊的装饰细节，所以在传统农宅风貌整治时，一般会对建筑门廊采取雨篷、台阶结合大门的整体美化措施。如图2-39、图2-40中农宅门廊采取了加设单坡雨篷和木柱，拓宽入口台阶的措施，打造了门廊空间，并点缀木板，突出了农宅入口的视觉中心位置。

图2-38　十八洞村农宅阳台栏杆改造

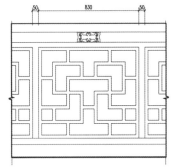

图2-39 李窑村沿溪农宅
改造前（左）

图2-40 李窑村沿溪农宅
改造后（右）

**知识链接**

《湖南省村庄规划编制技术大纲（修订版）》中建筑风貌管控要求节选建筑风貌管控：

从建筑风格、建筑色彩、建筑材料、建筑技术等方面对农房进行风貌管控，充分体现湖湘地域传统特色。

应充分考虑当地建筑文化特色和居民生活习惯，对村庄提出住宅建筑层数、高度、风貌等引导要求。住房层数原则上不超过3层，底层层高不宜超过3.6m，其余层高不宜超过3.3m，净高不宜低于2.6m。风景名胜区、历史文化名村、传统村落等保护范围内的居民点应当符合相关规划管控要求。

村委会（公共服务中心）、幼儿园、小学、卫生室等公共建筑必须在村庄集中建设区集中布置，禁止不切实际建设造型夸张、体量巨大的公共建筑和广场。

对于特色保护类村庄，针对传统风貌建筑、更新改造建筑、新建建筑的风貌应注重差异化和协调性引导。既做到保护传承，又能够提升居住功能，做到风格和功能上的协调统一。

### 2.4.2 完成农宅建筑外立面材料选型

建筑材料是建筑风貌肌理与色彩的载体，立面材料的选型受到气候、历史、可持续性及建筑风格等多方面的制约，在进行农宅建筑风貌整治时需要合理进行材料选型、优先选择乡土材料。

**1. 农宅外立面材料选型原则**

**气候适应性原则**：很多既有农宅建筑设计时未能充分考虑气候因素，造成外立面过早破损。在改造时，应考虑气候适应性，选择合适的材料，如常年受到冰雪侵袭和低温冷冻地区，应该选择承载力和抗冻性较强的材料，而常年受到风雨和高温辐射的地区，应该选择轻质和耐高温的材料，常年受到台风和高盐雾环境影响的地区，则应该选择稳固和耐腐蚀的材料等。

**延续历史文脉原则**：对于历史风貌区域的建筑改造，我们应该用更加审慎的态度选择外立面用材。首先，应选择与原建筑相协调的材料及色彩；其次，选用的材料可以对原有立面材料起到保护和更新的作用。

**可持续发展原则**：建筑材料是实现建筑可持续发展的重要一环。在建筑立面的改造过程中，应该选择"健康型、环保型、安全型"的绿色建材。

**凸显建筑风格原则**：改造时应立足当地文化，选择本地建筑用材和传统施工工艺，创造地域性建筑风格。材料的选择以凸显当地文化和建筑风格为主要目标。

**2. 农宅建筑立面常用饰面材料**

农宅建筑常用饰面材料有：石材、贴面砖、涂料、混凝土、玻璃、金属以及传统乡土材料等。乡土建材包含砖、石、瓦、木材、竹材等，它们取材广泛、经济、节能、低碳，具有明显的地域性特征和传统文化烙印。由于乡土材料的可再生性，使用乡土材料对当地生态环境保护具有重要意义，其在乡村景观营造中发挥着重要的作用。

**黏土砖**：砖是最传统的砌体材料，已由黏土为主要原料逐步向利用煤矸石和粉煤灰等工业废料发展，同时由实心向多孔、空心发展，由烧结向非烧结发展。农宅立面整治一般采用清水墙的砌筑方法，砌筑后不抹灰、不贴面，表现砌体本身质感。在建造中不同的砌筑模式，能变化出不同的花纹图样，丰富了表现形式。砖的表面质感细腻，给人以温暖、质朴、亲近之感，见图2-41。

**黏土瓦**：黏土瓦以杂质少、塑性好的黏土为主要原料，经成型、干燥、焙烧而成。黏土瓦按表面状态可分为有釉和无釉两类。在乡土农宅建筑中常选用小青瓦，由勾头、滴水、筒瓦、板瓦、罗锅、折腰、花边、瓦脸等组成合瓦屋面，见图2-41。

**天然石材**：天然石材在农宅风貌中的应用，常见于砌筑清水石材墙或作为外墙饰面材料贴面。天然石材有较好的协调性，可与多种要素搭配，形状、肌理、色彩多样。石材朴拙的韵味，常用于营造具有乡土气息的地域性建筑，见图2-42。

**土墙**：土墙是传统民居建筑中常见的墙体形式，它是黏土和稻草或稻草、石灰和泥土的混合料制作的土砖块材筑砌或整体夯实砌筑成的墙体。现代夯土墙对材料配比和夯筑工艺都进行了改良，在土壤中加入了一定配比的固化剂、纤维等其他胶凝材料，通过机械设备高密度夯实后，墙体具有优异的承重性能和防水性能，再加入一些颜料或不同颜色的土壤后可以做出丰富多彩的肌理效果。改良后的现代夯土墙绿色环保、冬暖夏凉、坚实耐用，能够很好地满足农宅风貌整治的美学及功能性要求。如图 2-43 "水岸山居" 的现代夯土外墙。

**天然木材：**天然木材是一种常见的建筑材料，具有取材方便、易于加工、适应性强等优势，应用广泛。可用作结构材料、地板和地板梁、屋顶和屋架、壁板和隔墙、门窗框架等，在外墙风貌整治中作为墙体主体材料，也可作为外墙饰面材料。如图 2-44 "唐堡书院" 的原木板外墙饰面。

**天然竹材：**竹材自重较轻，劈裂性好，易于加工，其顺纹抗拉、抗压、抗弯能力均强于木材。竹材在建筑改造中应用于建筑表皮、建筑结构、室内装饰等很多方面。利用现有的技术与竹材相融合，对建筑的外表皮进行特殊的处理，使建筑具有亲和性。

**乡土废弃材料：**在使用乡土材料营造地域特色的过程中，注重挖掘材料的特性，争取利用乡土废弃材料，进行再加工和再设计。大大节约了资源和能源的耗费，又传承了地区的传统景观风貌，体现了对历史的尊重和科学理性的态度。如图 2-45 旧木门窗在建筑立面中的再利用，图 2-46 旧砖瓦在建筑立面中的再利用。

图 2-41 砖、瓦、夯土材料在建筑立面中的应用（左）
图 2-42 石材在建筑立面中的应用（右）

图 2-43 "水岸山居"（左）
图 2-44 "唐堡书院"（右）

### 3. 乡土材料在农宅风貌整治中的应用

传统上对乡土材料的应用，往往是根据各种材料的特性决定其应用形式，表现乡土材料天然的肌理、色彩、质感，体现其自然风貌和朴拙韵味。如石材通常用于地面铺装，景观雕塑、小品；木材则用于木雕小品、座椅；砖常用于砌筑墙，瓦常用于建筑物的屋顶。

创新的应用形式：乡土材料还可以采用一些创新的组合方式，创造出新的图案和装饰效果，在尊重材料固有特性之上，用古老的材料，营造出新的有趣的形式。

新旧材料的对比与交融：乡土材料可以与现代材料技术结合，新旧并置之中产生趣味的艺术效果。传统与创新、本土与外来、乡土性与现代性相互融合，能进一步丰富建筑风貌。如图2-47中祝家甸古窑文化馆屋顶中小青瓦和高强度透明瓦的组织，如图2-48中凤凰措民居中石头和金属创新组合。

图2-45　湖南某村农宅整治后实景（左）

图2-46　宁波博物馆实景（右）

图2-47　祝家甸古窑文化馆屋顶（左）

图2-48　凤凰措（右）

### 2.4.3 估算农宅风貌整治经济指标

#### 1.农宅风貌整治设计阶段投资控制

制订农宅风貌整治方案应通过认真勘察现场，查阅竣工图纸及有关资料，询问当事人等方法摸清农宅建筑的基本情况，做到设计周密、减少设计变更，从实际出发，要做到避免造成不必要的浪费。农宅整治要满足使用功能和外观风貌两重需要，合理确定材料选型和整治措施，避免过分追求高档次，而忽视投资控制。

#### 2.农宅风貌整治施工阶段投资控制

农宅风貌整治在施工阶段的投资控制措施一般包括：依据乡村施工条件制订经济合理的施工组织方案；加强现场签证的管理和控制；加强设计变更的管理和控制；加强对现场签证的核实等。

#### 3.农宅风貌整治经济指标估算方法

为更好地控制各栋农宅建筑风貌整治的投资，一般在制订农宅风貌整治方案的同时会列出整治材料的经济估算表见图2-49。表格具体内容包括各材料用量、单价和总价。具体计算过程为：首先按单项材料分别计算出使用面积，再根据参考的市场价格算出各单项材料的总价，最后合计出所有材料的总价。

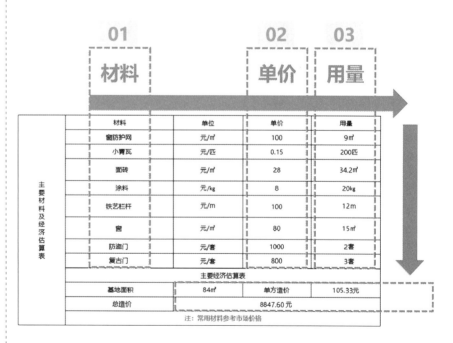

| 主要材料及经济估算表 | 材料 | 单位 | 单价 | 用量 |
|---|---|---|---|---|
| | 窗防护网 | 元/㎡ | 100 | 9㎡ |
| | 小青瓦 | 元/匹 | 0.15 | 200匹 |
| | 面砖 | 元/㎡ | 28 | 34.2㎡ |
| | 涂料 | 元/kg | 8 | 20kg |
| | 铁艺栏杆 | 元/m | 100 | 12m |
| | 窗 | 元/㎡ | 80 | 15㎡ |
| | 防盗门 | 元/套 | 1000 | 2套 |
| | 复古门 | 元/套 | 800 | 3套 |
| 主要经济估算表 | | | | |
| 基地面积 | 84㎡ | 单方造价 | | 105.33元 |
| 总造价 | 8847.60 元 | | | |
| 注：常用材料参考市场价格 | | | | |

图2-49 农宅风貌整治主要材料经济估算表分析

### 2.4.4 绘制村庄农宅风貌整治方案图

农宅风貌整治方案图的图纸表达主要应包含农宅整治情况的简述，农宅风貌整治前、后的对比照片与效果图，农宅现状问题与整治措施以及整治主要材料及经济估算表，见图2-50。要求各内容对应关系准确、表达逻辑清晰，其具体绘制要点有：

①农宅整治情况简述：包括农宅位置、农宅建筑现状评价以及主要整治措施的简要阐述。

②改造前实景照片及现状问题：照片务必做到竖直平整，能展示农宅建筑主要立面的整体面貌，图中以引注方式，简要描述对应位置的主要整治措施。

③改造后效果图及主要整治措施：为利于展示改造前后对比，效果图需与改造前照片保持角度一致，且透视度不宜过于夸张而失真。还应注意在渲染时尽量体现材料的真实效果。建议应用BIM软件构建整治模型、绘制改造效果图，后续通过运用BIM技术整合信息能快速计算出材料用量，通过运用绿色建筑软件分析立面改造的通风、采光、日照、节能等功能提升。

④主要材料及经济估算表：列出农宅整治选用的主要材料以及单价与用量，并计算出材料总造价。

（扫描二维码查看图2-50全彩图片）

图2-50 农宅风貌整治方案图

| 位置 | 阳塘村工农组 | | | 现状立面、整治改造措施及效果 | | |
|---|---|---|---|---|---|---|
| 建筑现状评价 | 本建筑临近道路，为两层平屋顶建筑，白色墙配灰色门窗，建筑质量较好。 | | | 现状风格 | 现状建筑材料 | 现状建筑色彩 |
| | | | | 现代简易风格 | 建筑为两层砖混结构，墙漆 | 白色墙兼灰色门窗 |
| 主要整治措施 | 1.对屋顶进行"平改坡"。2.建筑色彩调整。3.门窗整改。 | | |  屋顶"平改坡" 立面重新抹灰 屋檐采用本地材质 改变窗框颜色 改变门形式 | | 改造前 |
| 主要材料及经济估算表 | 材料 | 单位 | 单价 | 用量 | | |
| | 窗防护网 | 元/m² | 100 | 9m² | | |
| | 小青瓦 | 元/匹 | 0.15 | 200匹 | | |
| | 面砖 | 元/m² | 28 | 34.2m² | | |
| | 涂料 | 元/kg | 8 | 20kg | | |
| | 铁艺栏杆 | 元/m | 100 | 12m | | 改造后 |
| | 窗 | 元/m² | 80 | 15m² | | |
| | 防盗门 | 元/套 | 1000 | 2套 | | |
| | 复古门 | 元/套 | 800 | 3套 | | |
| | 主要经济估算表 | | | | | |
| | 基地面积 | 84m² | 单方造价 | 105.33元 | | |
| | 总造价 | 8847.60元 | | | | |
| | 注：常用材料参考市场价格 | | | | | |

061

## 任务评价（表2-6）

项目二任务评价表　　　　　　　　　　　　　　　　　表2-6

| 评价内容 | | | 评价维度 | 评分细则 | 标准分（分） | | 自评 30% | 互评 30% | 师评 30% | 企业教师 10% |
|---|---|---|---|---|---|---|---|---|---|---|
| 过程评价 55% | 【1】实地调研农宅风貌 | 调研过程中对农宅外观的观察记录以及与村民交流收集农宅基本信息和整治意愿情况的完成度 | 素养 | 在实地调研时，能做到尊重村民、爱护环境 | 1 | 4 | | | | |
| | | | 知识 | 掌握农宅基本信息收集与外观观察方法 | 1 | | | | | |
| | | | 技能 | 能根据需要调整、使用问卷星 | 2 | | | | | |
| | 【2】实测重点整治农宅 | 通过小组合作，在现场完成建筑尺寸数据实测和手绘草图绘制并转绘为CAD图纸的完成度 | 素养 | 实地测量中的安全意识与合作意识 | 1 | 4 | | | | |
| | | | 知识 | 掌握建筑外观尺寸实地测绘的方法 | 1 | | | | | |
| | | | 技能 | 能正确测量建筑实体尺寸并绘制草图 | 2 | | | | | |
| | 【3】分类评估农宅质量 | 对农宅现状仔细观察分析、汇总各栋农宅房屋质量问题，研讨农宅质量分类的完成度 | 素养 | 在质量分析时，注重细节，具备危房安全意识 | 1 | 4 | | | | |
| | | | 知识 | 掌握农宅房屋质量分类标准与方法 | 1 | | | | | |
| | | | 技能 | 能根据农宅现状质量情况，正确进行分类 | 2 | | | | | |
| | 【4】分析现状农宅风貌 | 分析农宅体量、风格与色彩特点等要素，总结农宅质量与风貌现状以及分类工作的完成度 | 素养 | 在外观风格与细节分析时，具备整体观和协调意识 | 1 | 4 | | | | |
| | | | 知识 | 掌握建筑材料与立面构配件的基本知识 | 1 | | | | | |
| | | | 技能 | 能识别建筑材料和装饰现状，并进行风貌分类 | 2 | | | | | |
| | 【5】绘制农宅风貌现状分析图 | 农宅布局平面图、农宅质量现状分类图、村民小组农宅风貌现状总结等内容绘制与参与度 | 素养 | 在图纸综合时，能合理总结，具备主次意识 | 1 | 4 | | | | |
| | | | 知识 | 掌握农宅风貌现状分析图表达要点 | 1 | | | | | |
| | | | 技能 | 能利用计算机辅助绘制农宅风貌现状分析图 | 2 | | | | | |
| | 【6】确定农宅风貌意向 | 在地域性、时代性、功能性、绿建化农宅立面整治原则基础上确定农宅风貌意向的完成度 | 素养 | 具有传承传统民居文化的意识和文化自信 | 1 | 5 | | | | |
| | | | 知识 | 掌握农宅立面整治和地域特色风貌打造原则 | 2 | | | | | |
| | | | 技能 | 能对地域性农宅风貌统一提出外观设想 | 2 | | | | | |
| | 【7】拟定农宅整治策略 | 分类拟定农宅整治策略和明确重点整治对象的完成度 | 素养 | 具有敬恭桑梓、提升村民居住幸福感的意识 | 1 | 5 | | | | |
| | | | 知识 | 掌握解决现状问题、实现整治意向的策略方法 | 2 | | | | | |
| | | | 技能 | 能针对农宅现状问题，分类拟定整治策略 | 2 | | | | | |
| | 【8】绘制农宅风貌整治策略图 | 村庄风貌现状、村庄风貌意向、村民小组农宅分类整治策略图绘制与参与度 | 素养 | 考虑全局策略时，具有创新性、战略性思维 | 1 | 5 | | | | |
| | | | 知识 | 掌握农宅风貌整治策略图表达要点 | 2 | | | | | |
| | | | 技能 | 能通过手绘图或实景图表达立面整治意向 | 2 | | | | | |

续表

| 评价内容 | | | 评价维度 | 评分细则 | 标准分（分） | 自评 30% | 互评 30% | 师评 30% | 企业教师 10% |
|---|---|---|---|---|---|---|---|---|---|
| 过程评价 55% | 【9】明确整治措施，绘制方案草图 | 为重点农宅明确农宅外立面各部位整治措施，及立面手绘草图工作的完成度 | 素养 | 在外观整治时，具备内外关联建筑工程技术思维 | 1 | 5 | | | | |
| | | | 知识 | 掌握农宅整治措施相关知识 | 2 | | | | | |
| | | | 技能 | 能为重点农宅明确整治措施，绘制立面草图 | 2 | | | | | |
| | 【10】确定材料选型，完成效果图 | 明确立面各部位材料，构建场地与建筑模型，渲染效果图出图工作的完成度 | 素养 | 具有乡土情怀和创新性使用乡土材料的意识 | 1 | 5 | | | | |
| | | | 知识 | 掌握农宅外饰面材料选型要点 | 2 | | | | | |
| | | | 技能 | 能应用计算机辅助完成有材质的效果图出图 | 2 | | | | | |
| | 【11】估算风貌整治经济指标 | 根据效果图与立面图计算各材料用量和农宅风貌整治经济估算的完成度 | 素养 | 具有重视乡建经济水平的经济素养 | 1 | 5 | | | | |
| | | | 知识 | 掌握建筑用料的经济指标估算的方法与要点 | 2 | | | | | |
| | | | 技能 | 能正确计算各材料用料及单价，估算总价 | 2 | | | | | |
| | 【12】绘制农宅风貌整治方案图 | 改造前照片图、改造后效果图与主要措施、本栋农宅风貌整治经济估算表绘制与参与度 | 素养 | 具有建筑效果表达的艺术素养 | 1 | 5 | | | | |
| | | | 知识 | 掌握农宅风貌整治方案图表达要点 | 2 | | | | | |
| | | | 技能 | 能重点表达出整治前后效果区别与整治措施 | 2 | | | | | |
| 成果评价 45% | 村庄农宅风貌现状分析图 | | | 内容完整度：农宅布局图，农宅质量现状图、分类图 | 3 | 10 | | | | |
| | | | | 表达正确度：清晰表达出农宅的现状分类与主要问题，分析图简洁易读，重点突出 | 4 | | | | | |
| | | | | 画面美观：布局均衡、色彩适宜 | 3 | | | | | |
| | 村庄农宅风貌整治策略图 | | | 内容完整度：村庄风貌现状，村庄风貌意向，村民小组农宅分类整治策略 | 5 | 15 | | | | |
| | | | | 表达正确度：清晰明确表达出各类农宅的整治策略以及村庄风貌意向 | 5 | | | | | |
| | | | | 设计创新度：策略中对地域性传承、时代性宜居以及绿色农宅的体现 | 5 | | | | | |
| | 村庄农宅风貌整治方案图 | | | 内容完整度：改造前实景照片，改造后效果图，农宅风貌整治经济估算表 | 6 | 20 | | | | |
| | | | | 表达正确度：改造前后图片角度一致，整治效果图美观，经济估算表计算正确 | 6 | | | | | |
| | | | | 设计创新度：整治前后未影响建筑功能并创新性地提升了建筑风貌 | 8 | | | | | |
| 合计 | | | | | 100 | | | | | |
| 自我总结 | | | | 签名：　　日期： | | | | | | |
| 教师点评 | | | | 签名：　　日期： | | | | | | |

## 思考总结

### 1. 单项实训题

对图 2-51 中低层农村住宅建筑方案的平面图、立面图进行分析,按立面改造技术要求,运用专业软件完成立面改造设计及方案彩图表达。

(1) 立面改造要求:

1) 立面改造时不应影响建筑平面原有功能与空间布局。

2)"平改坡":为统一村庄农宅建筑风貌,改善建筑屋面防水、隔热的功能,要求将方案中所有平屋顶改为深灰色小青瓦整体的四坡屋顶。坡度为 30°,设全围合的"U"形外天沟。天沟外轮廓出挑 300mm,沟壁高 250mm,板底标高为 3.9m,白色面砖饰面。坡屋面坡底标高与天沟顶平齐,坡屋面外轮廓平外墙。

3) 立面墙身改造要求如下:①建筑勒脚同窗台高,采用灰蓝色蘑菇石面砖;②墙身采用白色面砖。

4) 依据农村风貌协调原则,为住宅选择合适的中式门窗。

(2) CAD 出图并完成彩图表达:

依据题意要求,合理运用本题所提供的素材进行门窗样式选型,见图 2-51(c),完成农宅风貌整治设计,绘制 CAD 屋顶平面方案图以及彩

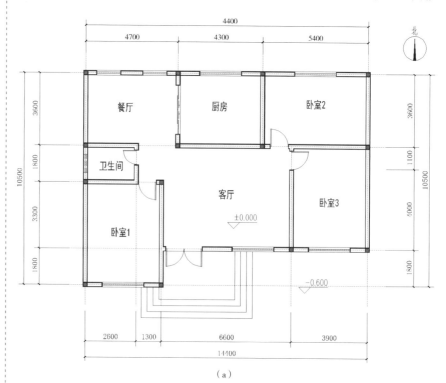

图 2-51 某农宅平面图、立面图、门窗选型图
(a)平面图;

(a)

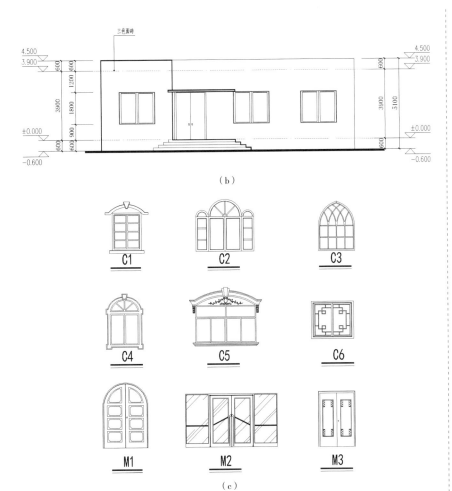

（扫描二维码下载农宅平面
图、立面图 CAD 文件）

图 2-51　某农宅平面图、立
　　　　　面图、门窗选型图
　　　　　（续）
（b）立面图；
（c）某农宅门窗选型图

色立面方案图。出图比例要求：1∶100。

（3）低层农村住宅建筑方案平面图、立面图（提供 CAD 电子文件）以及门窗选型素材图。

2. 复习思考题

你认为乡土材料的优势是什么？

如何借助乡土材料体现新农宅立面的地域性与时代性？

## 项目三

# 村庄景观空间营造

村庄景观空间营造是村庄人居环境整治工作的重要内容。本项目由实地调研、现状分析、整治策略和整治方案4个任务组成，通过8个工作流程小组合作完成一个村民小组的景观空间风貌整治。在景观空间风貌整治中对村庄风貌中的地域文化和营造材料因地制宜地进行实践。

## 教学目标

### 素质目标

1.在景观调研中，树立环境友好、扎根人民的"忠心"。

2.在现状分析时，树立工程伦理、耕读文化的"爱心"。

3.在合作研讨时，树立节约资源、经济适用的"匠心"。

4.在制订策略时，树立尊重传统、就地取材的"创心"。

### 知识目标

1.能阐述各类景观空间风貌的定义与内涵。

2.能归纳景观空间调研的方法与步骤。

3.能归纳景观空间风貌整治的策略。

4.能描述景观空间风貌整治的工作流程和成果表达要求。

### 能力目标

1.能进行全面调研、收集景观空间风貌情况，并绘制景观空间风貌现状分析图。

2.能按整治原则，结合村民实际需求，拟定景观空间风貌整治策略表，并绘制景观空间风貌整治方案图。

# 案例导入（表3-1）

项目三课程思政案例导读表 表3-1

| 项目案例 | | 图 3-1 整治中照片 | 整治材料的应用：<br>利用废弃的谷仓、脸盆架子、木箱等，打造一处颇具乡土气息的景观；<br>利用鹅卵石摆在脐橙树下，组合成"母鸡下蛋"的小景，取名"新生"，见图 3-1 |
| | | 图 3-2 整治后照片 | 整治材料的应用：<br>利用土陶罐制作的水龙头流出山泉水，既古朴又别致。<br>利用捡来的废旧泡菜坛，形成"生活之源"喷泉造型，见图 3-2 |
| | 整治故事 | 枧杆山村位于新宁县水庙镇西北部，曾是省级深度贫困村，通过借用高校的人才、学科和智力优势，实现乡村振兴、废物利用、彰显地域文化，成为远近闻名的美丽乡村、文明乡村。<br>案例中，样板庭院与村庄景观的改造，旨在引导所有村民都积极参与进来，建设自己的家园，就地取材、变废为宝，如利用丢弃的轮胎、老旧的椽子、破旧的瓦罐等村里或山里随处可见、废弃不用、低成本的一些物品，打造富有审美特点的小景，营造休闲、娱乐、赏景的空间，充分彰显本土特色，同时传承乡村田园文化，切实提升人居环境 | |
| 课程思政 | 内容导引 | 景观空间风貌整治材料 | |
| | 思政元素 | 乡村服务、环境友好、节约资源、就地取材 | |
| | 问题思考 | 枧杆山村在庭院美化过程中是如何利用低成本实现高效益的 | |

## 任务准备

### 1. 任务导入

建议 3~5 人一组进行村庄村民小组现状调研，厘清景观空间实地调研的要点，制订实地调研框架，通过对景观空间风貌现状的分析，绘制村庄景观空间风貌现状分析图，制订宅旁与庭院景观空间风貌策略表，绘制宅旁与庭院景观空间风貌整治方案总平面图、效果示意图。

（1）设计内容

实地调研与景观效果评价：小组成员对村民小组范围内坑塘河道景观空间、村庄道路景观空间、公共活动景观空间、宅旁与庭院景观空间进行现状照片拍摄、布局定位与信息采集，对其景观效果进行评价，并完成编码，确定不良景观空间现状情况，由此明确景观空间风貌整治策略。

宅旁与庭院景观空间风貌整治策略拟定：通过学习相关规范及标准对宅旁与庭院景观风貌提出的要求，总结归纳现状调研景观空间出现的不良情况，重点对某村民小组区域内宅旁与庭院景观空间提出风貌整治具体策略。

图3-3　项目三图件文件
　　　成果
（a）村庄景观空间风貌现状分析图；

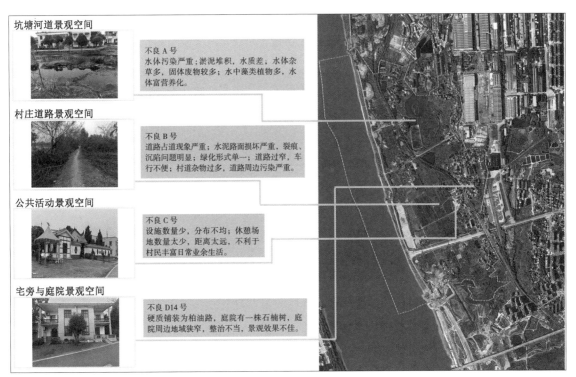

（a）

| 户主姓名 | 黄某某 | 家庭人数 | 5 | 整治说明 | 保留现状宅前屋后树木，清除现状杂物。在三角区种植基础植物进行庭院美化，在入户处周围种植具有观赏性的植物，来进行入户楼梯的高差遮挡。在宅前部分闲置区域设置休憩花坛，可供人休憩。在花坛中可种植具有观赏性的可食农作物，形成可食景观，使它成为庭院中心景观。通过地坪材质的变化，加上停车双划线，区域划分明显。道路与庭院间用绿篱隔挡开，既减少了噪声污染也减少了灰尘，增强了庭院的私密性。 |
|---|---|---|---|---|---|
| 主要收入来源 | 种植蔬菜贩卖；外出务工。 | | | | |
| 庭院面积 | 85m² | | | | |
| 屋前屋后庭院现状 | 临近车行和人行道路。硬质铺装为柏油路，庭院有一株石楠树，庭院周边地域狭窄，景观效果不佳。 | | | 整治分项 | 道路铺装优化 · 采用本土道路铺装材料。同时也可以使用新型材料，如汀步和碎石相结合。 |
| | | | | | 功能空间优化 · 生产和生活功能相区分。生产可食性农作物。变化生活功能地坪材质、增设停车双划线，增强庭院休憩功能。 |
| | | | | | 植物绿化优化 · 保留原有较好植物；在入户处种植花卉进行观赏；在三角区进行基础植物绿化。 |

（b）

图 3-3 项目三图件文件成果（续）
（b）宅旁与庭院景观空间风貌整治方案图

　　**宅旁与庭院景观空间风貌整治方案拟定：** 小组成员对重点整治对象在风貌整治策略基础上深化整治措施，依据满足村民的功能需求和提升庭院的美化需求两个原则，着重从功能需求原则出发构思整治方案。按照经济适用、风貌统一的基本要求，合作完成两栋重点整治农宅前坪后院设计的方案构思和方案表达，包括编制整治策略表、绘制整治总平面示意图、绘制整治效果示意图等。

　　（2）设计成果，见图 3-3

　　村庄景观空间风貌现状分析图；

　　宅旁与庭院景观空间风貌整治方案图。

## 2. 拟定工作计划（表3-2）

村庄景观空间营造工作计划表　　　　　　　　　　　　表 3-2

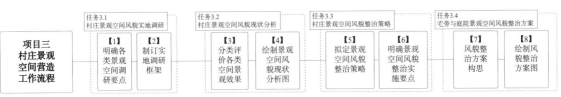

| | 工作步骤 | | 操作要点 | 知识链接 | | 分工安排 |
|---|---|---|---|---|---|---|
| 1 | 任务 3.1<br>村庄景观<br>空间风貌<br>实地调研 | 明确各类景观空间调研要点 | 1. 明确各空间主要考虑的景观要素；<br>2. 明确实地调研评价方式 | | 微课：村庄空间调研要点与评价方式 | |
| 2 | | 制订实地调研框架 | 1. 制订景观空间现状调研框架；<br>2. 制订行为活动调研框架 | | 微课：实地调研框架与步骤 | |
| 3 | 任务 3.2<br>村庄景观<br>空间风貌<br>现状分析 | 分类评价各类空间景观效果 | 1. 学习相关标准规定的良好景观效果；<br>2. 了解各景观空间类型及其特点 | | 微课：村庄景观空间类型 | |
| 4 | | 绘制景观空间风貌现状分析图 | 1. 遴选实地调研现状照片；<br>2. 完成景观空间编码；<br>3. 分析空间风貌景观效果不良问题 | | 微课：现状照片遴选原则与要点 | |
| 5 | 任务 3.3<br>村庄景观<br>空间风貌<br>整治策略 | 拟定景观空间风貌整治策略 | 结合当地自身情况特点，提出推动农村发展、改善乡村人居环境的相应策略与方向 | | 微课：村庄景观空间风貌整治策略 | |
| 6 | | 明确景观空间风貌整治实施要点 | 1. 明确坑塘河道景观空间整治要点；<br>2. 明确村庄道路景观空间整治要点；<br>3. 明确公共活动景观空间整治要点；<br>4. 明确宅旁与庭院景观空间整治要点 | | 微课：村庄景观空间风貌整治要点 | |
| 7 | 任务 3.4<br>宅旁与庭<br>院景观空<br>间风貌整<br>治方案 | 风貌整治方案构思 | 1. 明确宅旁与庭院景观空间风貌整治原则；<br>2. 确定构思要点及其应达到的建设目标 | | 微课：宅旁与庭院景观空间风貌整治方案构思 | |
| 8 | | 绘制风貌整治方案图 | 1. 编制整治策略表；<br>2. 绘制整治总平面示意图；<br>3. 绘制整治效果示意图 | | 微课：宅旁与庭院景观空间风貌整治方案编绘 | |

## 任务实施

### 任务 3.1　村庄景观空间风貌实地调研

村庄景观空间风貌的营建对村庄人居环境的建设起到了积极影响，符合地域特色和乡村生活习惯的景观空间才能得到村民的认可。本任务采用田野调查法，深入实地调研，通过拍照、观察、访谈、绘制图纸等手段，记录村庄景观空间的基本信息和调查对象的空间感受，为进行景观空间现状分析与整治方案设计奠定基础。

#### 3.1.1　明确调研目标

以村庄景观空间风貌整治为总目标，结合景观空间风貌中绿化植物、水系景观、硬质铺装、环境卫生、历史文化、小品设施等主要要素，实现下面五个目标：

**功能目标。**即创造适应人民生活的物质和精神空间，解决现有的物质空间问题，以舒适宜人、多样性的空间环境，建立和谐有认同感和"乡愁"记忆的居住环境及乡村地域关系。

**经济目标。**为促进乡村经济增长，释放乡村经济增长潜力，发挥景观特色在投资、旅游业等方面的优势，让村庄景观空间服务于经济发展。

**文化目标。**以保护与保育乡村地域优良传统文化为目标，留住文化的根，守住优良传统的魂，在整治设计中可以创造体现民俗文化等的景观，延续地域特色的同时，增加地域识别度和文化价值。

**生态目标。**整治设计方案能尊重自然生态，做到建设和发展与自然相协调，保护自然景观风貌，体现生态性。

**美学目标。**要创造物质空间的美感，创造可识别性、意象性、美学价值的物质形态，关键做到美学的地方效应，充分发挥乡村地域美，创造有内涵和故事的美学场所。

#### 3.1.2　确定调研框架与内容

根据《村庄整治技术标准》GB/T 50445—2019等相关规范文件中对乡村绿化的界定，将乡村景观空间归纳为坑塘河道、村庄道路、公共活动、宅旁与庭院四类景观空间。并从空间信息、空间规模、空间环境、景观要素及服务人群等，针对不同景观空间类型，明确各自调研要点（表3-3）。

景观空间现状调研框架 表3-3

| 类型 | 调研内容 | |
|---|---|---|
| | 现状调研分项 | 现状调研要点 |
| 坑塘河道景观空间 | 空间信息 | 判定坑塘空间、河道空间，及其地理位置等 |
| | 空间规模 | 面积、等级等 |
| | 水环境及景观要素 | 护栏、沿水步道、指示牌、水生植物、亲水点、水质情况等 |
| | 服务人群 | 现有服务人群特征分析 |
| | 备注（其他现状情况） | — |
| 村庄道路景观空间 | 空间信息 | 判定对外通行性道路、对内通行性道路，及其地理位置等 |
| | 空间规模 | 道路长度、道路景观空间面积、道路等级等 |
| | 道路环境及景观要素 | 铺地、绿化、休憩设施（如室外茶桌）、指示牌、商标牌、雕塑、建筑小品、沿街建筑、垃圾箱、厕所、夜景照明（路灯、景观等）、候车站、无障碍设施等 |
| | 服务人群 | 现有服务人群特征分析 |
| | 备注（其他现状情况） | — |
| 公共活动景观空间 | 空间信息 | 判定公共绿地类别，村口、休闲娱乐、集会活动、民俗活动、公共生活空间，及其地理位置等 |
| | 空间规模 | 面积、等级等 |
| | 空间环境及景观要素 | 铺装、名胜古迹、盆景、集散地、休闲步道、花木植被、雕塑小品、水景喷泉、照明夜景、座椅休憩、垃圾箱、游乐设施、饮水器、园林小品、指示牌、无障碍设施（如坡道、专用铺地等）、护栏、防护栅、建筑小品等 |
| | 服务人群 | 现有服务人群特征分析 |
| | 备注（其他现状情况） | — |
| 宅旁与庭院景观空间 | 空间信息 | 地理位置等 |
| | 空间规模 | 面积等 |
| | 空间环境及景观要素 | 铺地、绿化、生产及生活休憩互动设施、园林小品、夜景照明（路灯、景观等）等 |
| | 服务人群 | 现有服务家庭人口构成 |
| | 备注（其他现状情况） | — |

人群行为活动也是调研的内容之一，将服务人群的行为性质概括为自发性行为、必要性行为、社会性行为，针对不同景观空间类型，进行调研并完成记录。建立行为活动调研框架（表3-4）。

行为活动调研框架　　　　　　　　　　　　　　　　　　表3-4

| 地点 | 调研内容 | |
| --- | --- | --- |
| | 性质 | 行为 |
| 坑塘河道景观空间 | 自发性 | 观光、纳凉休憩、鱼虾养殖等 |
| | 必要性 | 上班、上学、路过等 |
| | 社会性 | 村民社交活动等 |
| 村庄道路景观空间 | 自发性 | 聊天、露天休憩、观光等 |
| | 必要性 | 上班、上学、路过、购物、出行等 |
| | 社会性 | 村民社交活动等 |
| 公共活动景观空间 | 自发性 | 散步、锻炼身体、聊天、玩耍、观赏、打牌、阅读报刊、坐憩、观光旅游等 |
| | 必要性 | 上班、上学、路过、购物、出行、候车、生活社交等 |
| | 社会性 | 村民社交活动、宗教信仰活动等 |
| 宅旁与庭院景观空间 | 自发性 | 洗漱锻炼、劈柴搬运、撒谷喂鸡、浆洗衣物、晾晒衣物、菜园摘菜、室外就餐、纳凉休憩、会客交友、聚餐集会等 |
| | 必要性 | 生活与生产活动等 |
| | 社会性 | 村民社交活动、集会活动等 |

 知识链接

《村庄整治技术标准》GB/T 50445—2019节选
10.1.2 村庄绿化应包括坑塘河道绿化、村庄道路绿化、公共活动场所绿化、宅旁庭院绿化等内容。

准备好实地调研清单，见表3-5。

（扫描二维码查看
《村庄整治技术标准》
GB/T 50445—2019全文）

村庄景观空间营造实地调研清单 表 3—5

| 村庄名称 | | | 村民小组名称 | | | | | |
|---|---|---|---|---|---|---|---|---|
| 调研时间 | | | 指导老师（校、企） | | | | | |
| 学　校 | | | 班　级 | | | | | |
| 项目小组 | 项目负责人 | | | 技术骨干 | | | 技术员 | |

**调研信息**

| | | |
|---|---|---|
| | 空间信息 | |
| | 空间规模 | |
| 坑塘河道<br>景观空间 | 水环境及景观要素 | |
| | 服务人群 | |
| | 行为活动 | |
| | 备注（其他现状情况） | |
| | 空间信息 | |
| | 空间规模 | |
| 村庄道路<br>景观空间 | 道路环境及景观要素 | |
| | 服务人群 | |
| | 行为活动 | |
| | 备注（其他现状情况） | |
| | 空间信息 | |
| | 空间规模 | |
| 公共活动<br>景观空间 | 空间环境及景观要素 | |
| | 服务人群 | |
| | 行为活动 | |
| | 备注（其他现状情况） | |
| | 空间信息 | |
| | 空间规模 | |
| 宅旁与庭院<br>景观空间 | 空间环境及景观要素 | |
| | 服务人群 | |
| | 行为活动 | |
| | 备注（其他现状情况） | |

**访谈记录**

注：页面不够可自行加页。

### 3.1.3 景观空间实地调研步骤

根据调研框架，计划调研步骤：

第一步，调研前期准备。通过线上线下资料搜集，对项目村庄背景进行调研，明确调研五个目标、准备好实地调研工具。

第二步，主要景观要素调研。通过卫星地图等信息，以及调研人员对区域内的走访调研和观察记录，对调研范围内主要景观要素的现状及要点进行调研，记录现状情况，发掘问题，为调研评价作参考，还可利用数字村庄进行景观调研，见图3-4。

为了对乡村景观空间风貌有更为深入的分析，实地调研主要分为两个部分。一方面，对村域范围内的坑塘河道景观空间、村庄道路景观空间、公共活动景观空间、宅旁与庭院景观空间等空间进行调研。另一方面，对村庄内的各级景观空间主要景观要素：绿化植物、水系景观、硬质铺装、环境卫生、历史文化、小品设施等进行记录，展现其实景效果，在图纸中标明其位置，并分析其优缺点等。

第三步，行为与认知调研。通过观察与访谈，对服务人群进行行为活动调研以及对景观空间可达性、可行性、安全舒适性的需求调研，通过问卷调研等方式，对景观空间的卫生环境、基础设施等进行村民满意度调研。

图3-4　数字村庄

## 任务 3.2 村庄景观空间风貌现状分析

通过相关知识学习完成调研后，需小组讨论并合作整理资料。对区域内坑塘河道景观空间、村庄道路景观空间、公共活动景观空间、宅旁与庭院景观空间的景观效果进行评价，并完成编码；确定不良景观空间现状情况，完成景观空间风貌现状分析图。

### 3.2.1 景观空间类型及分析

为了完成村庄人居环境中景观空间风貌整治工作，调研后先对乡村景观空间进行分类，明确各类空间界定的区域范围。再根据分类进行有的放矢的现状分析。根据相关规范文件中对乡村绿化的界定，将乡村景观空间归纳为坑塘河道、村庄道路、公共活动、宅旁与庭院四类景观空间。

#### 1. 坑塘河道景观空间

坑塘空间主要指村庄内部与村民生产生活直接密切关联，有一定蓄水容量的低地、湿地、洼地等，见图 3–5，河道空间主要指流经村内的自然河道和各类人工开挖的沟渠，见图 3–6。坑塘河道景观空间即是坑塘河道绿化区域。坑塘河道景观空间应以自然为主，有良好水环境及景观价值，并设置满足村民休息、散步和日常户外娱乐的活动设施。

坑塘河道景观空间应针对以下四个方面进行现状分析：

水体功能：明确调研的水体是水库水、鱼塘水或自然溪流。

驳岸类型：明确调研的水体驳岸为自然式驳岸或硬化驳岸。

水质现状：明确调研的水体水质情况，水质情况关系到后期的生态修复及其绿化植物种类的选择。

图 3-5　坑塘景观实景照片（左）
图 3-6　河道景观实景照片（右）

图3-7 道路景观实景照片
（左）

图3-8 道路景观实景照片
（右）

植物种植情况：明确调研的水体周围植物种类有哪些，配置形式如何。

**2. 村庄道路景观空间**

通过乡村道路在交通类型上的分析，将村庄道路绿化分为对外通行性道路和内部通行性道路两种道路绿化形式，村庄道路景观空间即是村庄道路绿化区域。村庄道路景观空间应注重安全性、经济性和舒适性。

村庄道路景观空间应针对以下三个方面进行现状分析：

铺装样式：明确调研道路的铺装材质及形式，如水泥混凝土路面（图3-7）、沥青混凝土面、建筑废材铺面、本地产石材铺面（图3-8）等。

路面现状：明确当前路面是否存在破损，判定破损程度，并明确主要乡村道路能否满足车行需求。

道路绿化：明确道路两侧的植物种类与植物配置形式。

**3. 公共活动景观空间**

村庄中的公共绿地是指向公众开放、以游憩为主要功能的绿地。公共活动景观空间即村庄公共绿地区域。根据不同的公共绿地功能，将公共活动景观空间分为五类：

村口空间：指村庄的出入口空间，见图3-9。

公共生活空间：如水井空间等，见图3-10。

集会活动空间：如节庆广场、村委会等，见图3-11。

民俗活动空间：如祠堂、寺庙等，见图3-12。

休闲娱乐空间：如休闲广场、老人活动场地等，见图3-13。

不同的公共活动空间具有不同的功能，公共活动景观空间的调研及现状分析较为复杂。总体而言应注意，根据不同空间类型确定其功能，不

同的公共活动空间植物栽植形式也不同，重点可调研植物种类以及配置形式。最后，调研时应注意场地中有哪些园林建筑、景观雕塑或小品，当前的使用情况如何等。

**4. 宅旁与庭院景观空间**

宅旁与庭院绿地的主要范围是房前屋后及庭院绿化，是在村庄内分布最广，与居民生活最密切相关的绿地类型，见图 3-14~ 图 3-17。宅旁与庭院景观空间即是宅旁与庭院绿化区域，包括宅旁边缘绿化、自种花木造景、菜地等。它是反映村容景观风貌的直接因素，需要满足居民的生产生活需求以及日常休闲娱乐功能。

宅旁与庭院景观空间针对以下三个方面进行现状分析：

功能分区：明确场地内的景观功能区块种类及位置。

景观现状：明确景观设计面积、景观设计风格、景观设计主要的范畴等，同时也可以咨询村民需要增加的设施或不满的区域。

植物现状：明确场地内的植物种类以及配置形式。

图 3-9 村庄入口空间实景照片（左）
图 3-10 公共生活空间实景照片（右）

图 3-11　集会活动空间实
　　　　景照片

图 3-12　民俗活动空间实
　　　　景照片

图 3-13　休闲娱乐空间实
　　　　景照片

图 3-14　宅旁与庭院景观
　　　　空间实景照片
　　　　（左）

图 3-15　宅旁与庭院景观
　　　　空间实景照片
　　　　（右）

图 3-16　宅旁与庭院景观
　　　　空间实景照片

图 3-17　宅旁与庭院景观
　　　　空间实景照片

### 3.2.2　绘制景观空间风貌现状分析图

景观空间风貌现状分析图包含卫星图、各类景观空间现状照片、景观要素现状的优劣势分析等内容，见图3-18，其图纸绘制要点有：

①**卫星图**：选取村庄或村组高清卫星图或者航拍图，作为分析的底图。

②**各类景观空间现状照片**：遴选典型各类景观空间照片，并进行编码，依据①空间种类（A.坑塘河道景观空间、B.村庄道路景观空间、C.公共活动景观空间、D.宅旁与庭院景观空间）、②第几个空间（数字）、③风貌品质程度（优、良、不良）进行编号。如村民小组内第五栋民居的不良庭院空间风貌为不良D5号。

③**景观要素现状的优劣势分析**：确定不良景观空间现状情况，并概括总结。文字描述要求清晰简洁。

图3-18　景观空间风貌现状分析图

坑塘河道景观空间

不良A1号
淤泥堆积、水系不贯通；空间规模小、零散分布、公共设施缺乏、布局无规律，绿化杂乱

村庄道路景观空间

不良B1号
靠近农舍，景观空间压缩，缺少垂直绿化

公共活动景观空间

不良C1号
设施单调，没有标志构筑物；植物丰富，多为乡土树种，但景观效果不佳

不良D1号
硬化基本普及，蔬菜、花卉种植与休闲区域分区不明显，有一定景观价值，但层次效果差

宅旁与庭院景观空间

## 任务 3.3　村庄景观空间风貌整治策略

村庄景观空间风貌整治策略拟定，是在宏观方面总结景观空间风貌整治策略的方向，进一步捋清各类景观空间风貌整治要点，为景观空间风貌整治方案编绘打好基础。

### 3.3.1　明确景观空间整治策略

村庄的规划、建设和发展是长期、跨学科领域的复杂问题，村庄景观空间风貌整治策略的制订，首先，应立足于村庄现实条件，深入挖掘自身优势与特点；其次，应保护并合理开发当地的自然和人文资源环境，营造个性魅力的乡土景观空间风貌；最后，应优化布局与资源配置，提升村庄景观空间风貌的经济，促进乡村产业转型升级，确保乡村经济与环境协调可持续发展。

综上所述，村庄景观空间风貌整治策略一般从以下四个方向思考：以规划设计为引领的技术策略；以环境保护为基础的生态策略；以文化传承为特色的工程策略；以产业发展为支撑的经济策略。

以韶山市清溪镇清溪村为例，提出景观空间整治策略，实景见图3-19。

韶山市清溪镇北部的清溪村，属韶山城关村、城乡接合部，紧邻新规划韶山风景名胜区环保车运行站点，地理位置优越，村内及周边自然景观优越，有丰富的水体、山林、菜地和耕地等资源环境，生态条件保持良好，资源环境尚未被合理开发利用。

图3-19　韶山市清溪镇清溪村实景图片

经实地调研，发现村中现存主要问题为：市政基础设施建设有待完善、村庄环境欠佳、产业单一，村集体经济薄弱、村庄地域文化特色不突出，村内整体景观空间风貌特色不明显。经问卷调查与访问了解，发现村民关心的主要问题是道路、污水、环卫等基础设施的改善、村域经济的提升与居住环境的改善。

由此针对清溪村现状情况提出景观空间整治策略：

以人为本的规划设计策略。在景观空间风貌整治中，突出人文关怀，打造宜居空间。设计过程加强与清溪村民众沟通，广泛征求民意，让民众参与到整治工作中来。

延续生态格局的环境保护策略。保护清溪村现有的生态格局，结合韶山风景名胜区相关上位规划，以突出保护为主，兼顾发展生态旅游与乡村产业，体现景观的生态性与经济性。

立足于乡土的文化传承策略。以韶山市的整体文化发展为背景与基调，在红色文化发展中寻找乡土文化的景观载体，打造适合村民生活与生产的"文景交融"特色景观空间风貌。

### 3.3.2 各类景观空间风貌整治要点
#### 1.坑塘河道景观空间整治要点

河道清理。清理杂草与淤泥，疏通水道，逐步过渡为木桩、大块毛石干垒、草坡入水、生态石笼等生态驳岸处理方式，如图3-20中湖南省浏阳市小河乡河道整治后打造成了特色景点。

植物绿化。种植本土水生植物净化水质和河道，以1.5m水深为界线，种植梃水植物、浮叶植物及沉水植物。

图3-20 湖南省浏阳市小河乡河道景观

岸线保留。不填挖原有河道走向，保留自然驳岸及湿地。

安全防护。沿岸 2m 范围内水深超过 0.7m，应增设护栏等防护设施。

### 2. 村庄道路景观空间整治要点

铺装材料。提倡使用本地天然材料，使道路路面平整、不坑洼、不积水；道路及路边、河道岸坡、绿化带、花坛、公共活动场地等可视范围内无明显垃圾。

安全防护。有高差及台阶路段应增加护栏等措施，并设置安全设施和警示标志。

服务设施。合理配置太阳能路灯、景观安全标识、垃圾桶等。

道路绿化。应选用经济型树种或用材树种作为行道树，间距控制在 4~6m。绿化要乔灌搭配，分枝点高、低组合。

重要节点。村口等主要道路节点可选用观赏价值高的植物，以提高村庄绿化水平。

### 3. 公共活动景观空间整治要点

场地选择。见缝插针利用公共场所的零星空地，因地制宜地建设公共绿化小空间。

娱乐服务设施。建设篮球场、乒乓球台、健身器材等体育活动设施。应设置无障碍设施。

公共服务设施。增设村务公告栏、科普宣传栏、座凳等设施。增设村民夜间照明等。

建造材料。宜采用地方传统材料、村内废旧材料。儿童游玩设施宜采用柔性材料铺装，突出乡土特色和地域特点。

### 4. 宅旁与庭院景观空间整治要点

空间划分。根据农村生活习惯，利用空透景观墙体、植物对农具等生产生活用品集中遮蔽，对停车、集散等进行空间划分，使房前屋后功能有序。

营建材料。材质、色彩体现地域、气候、民族、风俗特征，充分利用村民自家废旧材料，突出乡村风貌特色。

植物绿化。宅旁和庭院绿化应充分遵循村民个人意愿喜好，鼓励绿化美化与菜地、果树等相结合。沿路围墙考虑立体绿化和美化。

（扫描二维码查看
"农宅前坪后院环境整治"
虚拟动画）

## 任务 3.4　宅旁与庭院景观空间风貌整治方案

本任务主要以宅旁与庭院景观空间为整治对象，包括方案构思到方案绘制全过程，即完成包括编制整治策略表、绘制整治总平面示意图、绘制整治效果示意图等内容。

### 3.4.1　宅旁与庭院景观空间风貌整治方案构思

宅旁与庭院景观空间主要包括村民宅基地范围内房前、屋后和庭院及屋顶绿化，作为村民日常生活的室外活动空间，承载着农民的生产与生活，引导着庭院的经济生产、观景活动、生态环境等方面。因此，宅旁与庭院景观空间风貌整治方案应具备满足村民的功能需求和提升庭院的美化需求两个原则，着重从功能需求原则出发构思整治方案。

**1. 侧重生产功能的整治方案构思要点**

由于地区经济的差异性，部分地区村民出于经济需求考虑，其宅旁与庭院空间通常具有一定生产功能。此类宅旁与庭院空间大多为房前屋后的空地被开辟进行农作物种植，成为兼具生产功能的生活空间。为了满足农民自给自足的需求，这些空地上出现了菜园、果园等专门的绿化兼生产场地。在人居环境整治中，为提升环境质量，将此类空间因地制宜地打造为以种植果树、林木、蔬菜等类型绿植的宅旁与庭院景观空间。

其景观空间风貌整治方案构思要点如下：

第一，应当在保留部分硬质场地的前提下，增加篱笆围合，划分出生产区域；

第二，在围合空间内规划菜地，菜地四周进行有规则的硬化，在其边界选择桃、柚子、石榴等兼具经济价值与观赏价值的果树种植，打造"果木型庭院"；

第三，庭院绿化与生产空间的重合打造，避免出现土地浪费，将庭院的经济价值最好地体现出来。

**2. 侧重存储功能的整治方案构思要点**

部分宅旁与庭院空间还保留存储功能。由于农业的生产活动和农民的土地观念影响，宅旁与庭院景观空间可以存放生产工具、储藏劳动资料以及简单粗加工农产品。

其景观空间风貌整治方案构思要点如下：

第一，保留原建设时的硬化场地，便于设施设备、农产品储存及运输；利用好屋檐和现有的棚架做遮雨设施。

第二，规划好空间区域及流线，确保存储区域不影响宅旁与庭院景观

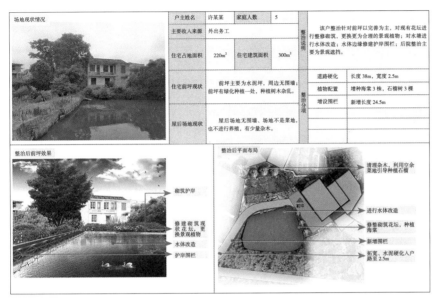

图 3-21　宅旁与庭院景观空间风貌整治方案图

整体视觉效果。

**3. 侧重休憩娱乐功能的整治方案构思要点**

宅旁与庭院空间是农民休闲娱乐的重要场所。在日常生活中，村民有休息纳凉、聊天交流、会客交友、聚餐集会等需求，展示了宅旁与庭院景观空间具有的开放性特点。

其景观空间风貌整治方案构思要点如下：

第一，空间划分。根据村民日常生活习惯，利用透空景观墙体、植物对农具等生产生活用品集中遮蔽，对晾晒、停车、集散等功能区进行空间划分，使房前屋后功能有序。

第二，植物配置。整治可在综合现状条件的基础上加以利用。在对其进行景观植物配置时，将庭院绿植区域规划为蔬菜种植区、花卉种植区、休闲绿地区，打造出"景观型庭院"，依据空间类型配置庭院植物。

**3.4.2　宅旁与庭院景观空间风貌整治方案编绘内容及步骤**

宅旁与庭院景观空间风貌整治方案图包括编制整治策略表、绘制整治总平面示意图、绘制整治效果示意图等内容，并进行合理的排版，成果见图 3-21。以下是宅旁与庭院景观空间风貌整治方案图的编绘案例解析与步骤要点：

1. 宅旁与庭院景观空间风貌整治方案编绘案例解析（表 3-6）

2. 宅旁与庭院景观空间风貌整治方案编绘步骤

（1）整治策略表编制步骤如下：

第一步，根据入户调研问卷中自家宅旁与庭院景观空间风貌基本情况

整治方案模块绘制案例解析　　　　　　　　　　　　　　　表 3-6

| 整治策略表 | 户主姓名 | 许某某 | 家庭人数 | 5 | 整治说明 | 优选乡土树种，丰富景观层次：如蔬菜种植区按照农户意愿可自行选择多种蔬菜进行种植；在休闲区域设置景观坐凳的同时局部增加乔木种植，可选品种有桂花、松柏等；在院落外围还可选用有花卉与景石相结合；同时可增设花卉区，打造出"景观型庭院" | 本案例为许姓户主，家庭组成5人，主要收入来源为外出务工，庭院面积80m²，房前屋后庭院现有一株胸径较大的桂花，空间区域划分较为清晰，但景观效果较差，因此通过丰富景观层次，增设座椅等休息设施，打造"景观型庭院"。<br>由此编写整治分项：第一，铺装优化，选择地域性铺装或建筑废弃材料进行庭院出入口硬化处理；第二，生活空间采取"乔灌+蔬菜+花卉"多层次的植物配置整治；第三，增加多株小花灌、提高景观绿化效果，见图3-22 |
|---|---|---|---|---|---|---|---|
| | 主要收入来源 | 外出务工 | | | | | |
| | 庭院面积 | 80m² | | | | | |
| | 屋前屋后庭院现状 | 硬质铺装为水泥坪、庭院原有一株桂花、胸径较大，种植区域、休闲区域划分较为清晰，景观效果较差 | | | 整治分项 | 道路（铺装） | 长度38m，宽度2.5m；本地材料 |
| | | | | | | 植物配置（菜园整理） | "乔木+果木+花灌木+可食地景（蔬菜、药用植物）+花卉"的多层次营造模式 |
| | | | | | | 植物种类 | 月季、木槿丛生，原桂花树保留，补种5株石榴等 |

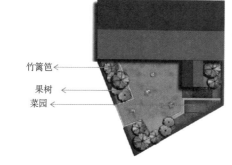

图 3-22　整治策略表

整治总平面示意图

竹篱笆 ←
果树 ←
菜园 ←

图 3-23　整治总平面示意图

本案例中，针对开敞式庭院景观空间进行改造，通过增加篱笆，形成院落的围合感，补植庭院植物，如桃花、栀子花等，丰富景观效果；同时将原本杂乱的角落进行改造，提高庭院卫生条件，设置小菜园，促使屋主人增加庭院内部的管理工作，见图3-23

整治效果示意图

图 3-24　整治前照片

本案例中，为了展现邻里和谐的生活风貌，塑造促进村民融洽的生活场景，宣扬邻里互助的精神，选择"果蔬+果树"的绿化模式，对原有宅前屋后树木进行保留，清除现状的土堆和杂物，将清除出的部分闲置空间改为菜园，并对四周宅旁菜园进行梳理，菜园边缘增加竹篱笆，统一围合方式，提高卫生条件及景观质量。同时增设地域化的砖石铺地，构建休憩凉亭和乡土景观小品，供村民在此处休憩。在有空间的角落补植果树，打造瓜果飘香其乐融融的宅旁与庭院景观空间，见图3-24、图3-25

图 3-25　整治效果图

填写表格，包括户主名称、家庭人数、主要收入来源等。

第二步，根据现场勘探调研填写表格，包括庭院面积、屋前屋后庭院现状，注明现状铺装样式、植物种类及冠径等情况，清晰描述生产功能空间、休闲娱乐功能空间、日常活动功能空间现状景观效果。

第三步，根据整治方案构思原则及要点撰写整治说明，包括空间划分及植物配置等信息。

第四步，根据现状铺装、空间划分、植物配置，从道路铺装优化、功能空间优化、植物绿化优化三项撰写整治分项内容。

（2）整治总平面示意图编制步骤如下：

第一步，绘制出整治区域内包括建筑物、构筑物、园路、种植等景观要素的位置、轮廓或范围。

第二步，在整治区域范围内标识出具体的整治平面定位和相关措施。

第三步，绘制出包括整治区域红线、指北针、比例尺及图名等信息。

（3）整治效果示意图，见图3-26、图3-27，编制步骤如下：

第一步，整体构图。在空间中安排表现对象的位置和关系。突出表现主体；配景衬托主体；使整体画面达到平衡。

第二步，背景表现。根据整体景观风格和绿化特点，表现天空效果。

图3-26 现状照片（左）
图3-27 整治后效果示意
（右）

第三步，景观合成。顺序一般由里向外，由远及近。远景应遮住天地交界线。

第四步，调整主景、配景透视效果。地面、草地在效果图表现上一定要注意透视和精度的把握。图面添加配景主要是活跃气氛和构图平衡，配景元素的位置及透视需要反复推敲。

 **知识链接**

《湖南省林业局关于印发

〈湖南省主要乡土树种和草种名录〉的通知》节选

根据《国家林业和草原局生态保护修复司关于组织制定主要乡土树种名录的通知》（生生函〔2020〕63号）要求，结合我省林草工作实际，组织有关单位和专家编写了《湖南省主要乡土树种和草种名录》……

请各地各单位在开展全民义务植树、林业重点工程建设、生态廊道建设、森林城市建设及乡村绿化美化过程中，结合植树种草的主要目标、立地条件等实际情况，积极推广乡土树种和草种，不断提高我省林业现代化发展水平。

根据《湖南省主要乡土树种和草种名录》整理如下：

A. 湖南常绿乡土乔木

樟树、侧柏、女贞、蒲葵、山杜英、深山含笑、柏木、石楠、秃瓣杜英、乐昌含笑、江南油杉、冬青、雪松、日本五针松、阔瓣含笑、罗汉松、青冈栎、南方红豆杉、桂花等。

B. 湖南落叶乡土乔木

白蜡树、榆树、榔榆、红枫、杜仲、羽杉、厚朴、槐树、凹叶厚朴、龙爪槐、红叶树、合欢、日本晚樱、枫杨、翅荚香槐、金钱松、鸡爪槭、泡桐、野茉莉等。

C. 湖南落叶乡土灌木

紫薇、紫玉兰、木槿、探春花、茅栗、中华绣线菊、锦鸡儿、粉花绣线菊、紫荆、牡荆、玫瑰、结香、木芙蓉、金钟花、盐肤木等。

D. 湖南常绿乡土灌木

红花檵木、海桐、黄杨、杜鹃、紫花含笑、杨梅、江南越橘、栀子花、山茶、阔叶十大功劳、夹竹桃、十大功劳、蚊母树等。

（扫描二维码查看《湖南省林业局关于印发〈湖南省主要乡土树种和草种名录〉的通知》全文）

## 任务评价（表3-7）

项目三任务评价表 表3-7

| 评价内容 | | | 评价维度 | 评分细则 | 标准分（分） | 自评 30% | 互评 30% | 师评 30% | 企业教师 10% |
|---|---|---|---|---|---|---|---|---|---|
| 过程评价 55% | 【1】明确各类景观空间调研要点 | 调研过程中对各类景观空间调研要点的观察记录、与村民交流评价收集基本信息情况的完成度 | 素养 | 实地调研时的安全意识与合作意识 | 1 | | | | |
| | | | 知识 | 掌握景观空间风貌基本信息收集与外观观察方法 | 1 | 5 | | | |
| | | | 技能 | 能分类记录景观空间的景观要素，能实施访谈或问卷调查 | 3 | | | | |
| | 【2】制订实地调研框架 | 景观空间现状调研框架、行为活动调研框架制订的完成度 | 素养 | 在实地调研时，能做到尊重村民、爱护环境 | 1 | | | | |
| | | | 知识 | 掌握调研框架制订的方法 | 1 | 5 | | | |
| | | | 技能 | 能概括总结调研框架 | 3 | | | | |
| | 【3】分类评价各类空间景观效果 | 学习相关标准规定的良好景观效果，对各景观空间类型及其特点了解的完成度 | 素养 | 能将因地制宜与地域特色融入评价中 | 1 | | | | |
| | | | 知识 | 掌握相关标准规定的良好景观效果特征 | 2 | 5 | | | |
| | | | 技能 | 能评价景观空间风貌的良好景观效果 | 2 | | | | |
| | 【4】绘制景观空间风貌现状分析图 | 遴选实地调研现状照片、完成景观空间编码、分析空间风貌景观效果不良问题的完成度 | 素养 | 在评价与分析景观空间时，具备环境保护意识 | 1 | | | | |
| | | | 知识 | 掌握景观空间编码的基本知识 | 2 | 10 | | | |
| | | | 技能 | 能识别建筑材料和装饰现状进行风貌分类 | 7 | | | | |
| | 【5】拟定景观空间风貌整治策略 | 对提出推动农村发展、改善乡村人居环境的相应策略与方向的完成度 | 素养 | 在制订策略方向时，具备可持续发展意识 | 1 | | | | |
| | | | 知识 | 掌握景观空间风貌现状分析图表达要点 | 2 | 5 | | | |
| | | | 技能 | 能利用计算机辅助绘制景观空间风貌现状分析图 | 2 | | | | |

| 评价内容 | | | 评价维度 | 评分细则 | 标准分（分） | | 自评 | 互评 | 师评 | 企业教师 |
|---|---|---|---|---|---|---|---|---|---|---|
| | | | | | | | 30% | 30% | 30% | 10% |
| 过程评价 55% | 【6】明确景观空间风貌整治实施要点 | 对坑塘河道景观空间、村庄道路景观空间、公共活动景观空间、宅旁与庭院景观空间整治要点了解的完成度 | 素养 | 因地制宜地考虑各景观空间整治要点 | 1 | 5 | | | | |
| | | | 知识 | 掌握各景观空间整治实施理论知识 | 2 | | | | | |
| | | | 技能 | 能将整治实施要点应用到项目中 | 2 | | | | | |
| | 【7】风貌整治方案构思 | 明确宅旁与庭院景观空间风貌整治原则、确定构思要点及其应达到的建设目标的完成度 | 素养 | 具有废物利用、变废为宝的意识 | 1 | 10 | | | | |
| | | | 知识 | 掌握不同功能需求的构思要点 | 2 | | | | | |
| | | | 技能 | 能针对现状问题，分类构思整治方案 | 7 | | | | | |
| | 【8】绘制风貌整治方案图 | 整治策略表、整治总平面示意图、整治效果示意图及合理排版的完成度 | 素养 | 因地制宜，应用乡土植物绿化 | 1 | 10 | | | | |
| | | | 知识 | 掌握整治方案图表达要点 | 2 | | | | | |
| | | | 技能 | 能利用计算机辅助绘制整治方案图 | 7 | | | | | |
| 成果评价 45% | 村庄景观空间风貌现状分析图 | 内容完整度：景观空间布局图、各类景观空间现状照片、景观要素现状的优劣势分析 | | | 5 | 15 | | | | |
| | | 表达正确度：清晰表达出现状分类与主要问题，分析图简洁易读、重点突出 | | | 5 | | | | | |
| | | 画面美观：布局均衡、色彩适宜 | | | 5 | | | | | |
| | 宅旁与庭院景观空间风貌整治方案图 | 内容完整度：整治策略表、整治总平面示意图、整治效果示意图 | | | 10 | 30 | | | | |
| | | 表达正确度：清晰明确表达出整治后效果，及整治措施 | | | 10 | | | | | |
| | | 设计创新度：方案中对因地制宜、绿色环保、地域特色的体现 | | | 10 | | | | | |
| 合计 | | | | | 100 | | | | | |
| 自我总结 | | 签名：　　　日期： | | | | | | | | |
| 教师点评 | | 签名：　　　日期： | | | | | | | | |

## 思考总结

### 1. 单项实训题

对给定农宅庭院总平面图（图3-28）进行分析，对应平面改造技术要求，运用专业软件完成平面改造设计及方案彩图表达。

1）平面改造要求：

①材料分析：保留原建设时的硬化场地，选用本土材料或建筑废材进行入户硬化。

②空间划分：规划好空间区域及流线，根据村民日常生活习惯，对晾晒、停车、集散等日常活动进行空间划分，使房前屋后功能有序。

③植物配置：在综合现状条件的基础上，对原有植物加以利用，补充种植乡土植物，提升景观效果。

2）CAD出图并完成彩色平面表达：

根据提供的素材以及平面改造要求，合理设计，完成CAD方案图以及彩色平面方案图。

要求：采用1：100比例。

3）附图：农宅庭院总平面图。（提供CAD电子文件）

（扫描二维码下载农村庭院总平面图CAD文件）

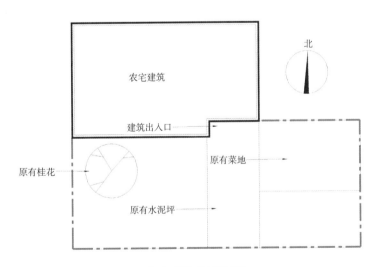

农宅庭院总平面图 1:100

图3-28 农宅庭院总平面图

### 2. 复习思考题

你认为村庄景观空间风貌未来发展面临的机遇与挑战有哪些？

# 村庄道路交通优化

　　道路是村庄的重要基础设施，道路的建设对农村经济发展有着重要的促进作用，为人民的生活带来了很大的便利，同时，道路的建设要遵循安全、适用、环保、耐久、经济的原则，秉承以人为本、生命至上、绿色发展的理念。

　　道路交通优化是改善村民生活质量的重要手段，是村庄人居环境整治工作中的重要内容，本项目将学习如何对村庄的道路交通进行优化。

## 教学目标

### 素质目标

1.在道路调研中，树立热爱劳动、安全至上的"匠心"。

2.在现状分析时，树立敬恭桑梓、环境友好的"爱心"。

3.在合作研讨时，树立乡村振兴、开路架桥的"忠心"。

4.在制订策略时，树立因地制宜、尊重自然的"创心"。

### 知识目标

1.能阐述村庄道路格局保护的策略。

2.能阐述村庄道路现状问题的内容。

3.能阐述村庄道路系统优化策略。

4.能阐述道路环境质量提升策略。

5.能阐述村庄停车设施完善策略。

6.能阐述道路交通安全设施完善策略。

### 能力目标

1.能通过小组合作，全面地完成村庄道路交通现状调研。

2.能对村庄道路交通现状布局进行分析。

3.能对村庄道路交通现状问题进行分析。

4.能通过小组合作，全面地提出村庄道路交通整治策略。

# 案例导入（表4-1）

项目四课程思政案例导读表                                              表4-1

| 项目案例 | | 湖南湘西花垣县十八洞村 |
| --- | --- | --- |
| | | 图4-1 十八洞村航拍图<br><br>图4-2 十八洞村航拍图<br><br>湖南湘西花垣县的十八洞村，是一个坐落于武陵山脉腹地的村落。它一派天然古朴的景象，因为山高路险、交通闭塞，世代生活在这里的苗家人饱受贫困之苦。2013年，习近平总书记视察走访了十八洞村，自此，"实事求是、因地制宜、分类指导、精准扶贫"十六个字在十八洞村落地生根，也开始了十八洞村的变迁，图4-1、图4-2中可见如今十八洞村已经有了崭新的沥青道路 |
| | 整治故事 | 十八洞村驻村扶贫队认识到精准扶贫就是要先把路打通，把有限的扶贫资金投入到交通改造上，只有修路了才能够发展，只有修路了才能够致富。<br>2016年，一条总长4.2km、宽6m的柏油路出现在世人面前，将十八洞村与矮寨大桥相连，打开了十八洞村脱贫致富的新局面。十八洞村人均年收入从2013年的1668元增长到2019年的14668元，实现了从深度贫困苗乡到小康示范村寨的转变 |
| 课程思政 | 内容导引 | 道路交通优化 |
| | 思政元素 | 精准扶贫、乡村振兴、因地制宜、尊重自然 |
| | 问题思考 | 十八洞村是如何为村庄规划道路线型、如何进行交通改善的 |

# 任务准备

## 1. 任务导入

分组进行村庄道路交通的现状调研和资料收集，分析村庄道路交通现状布局，并针对其中一个村民小组的道路交通情况进行分析，提出存在问题并制订道路交通整治方案。

（1）设计内容

**道路交通现状调研与现状布局分析**：分组对阳塘村的道路交通布局情况进行现状拍照及数据采集，研讨村庄道路交通的功能等级和布局现状情况。

**村民小组现状调研与道路交通现状问题分析**：依据调研资料和现状布局分析，研判其道路交通现状存在的问题。

**村民小组道路交通整治**：针对村民小组道路交通现状布局与问题，制订道路交通整治方案。

（2）设计成果，见图4-3

村庄道路交通现状布局分析图；

村民小组道路交通现状问题分析图；

村民小组道路交通整治方案图。

图4-3　项目四图件文件
　　　　成果
（a）村庄道路交通现状布局
分析图；

**道路交通现状问题分析（阳塘村）**

该村道路系统出村庄村道、组道和入户路组成。道路系统较完整，对外交通联系方便，主要道路质量较好。道路都进行了硬化。

村庄村道呈东西走向，是该村对外交通的主要通道。路面宽约6m，路面材质为沥青。

村庄组道大部分以东西向为主，连接各村民小组与村道，路面宽5m，路面材质为沥青。

入户路主要分布在村民小组内部，主要作为村民入户路，连接各组道，路面宽约3~4m。道路基本上都已经"黑化"，路面材质为沥青。

双拥南路

村道

组道

入户路

村界线
双拥南路
村道
组道
入户路

（a）

**道路交通现状问题分析（阳塘村交流组）**

| 道路现状图片 | 道路交通主要问题 |

**道路环境质量问题**

1. 道路两侧绿化不足。

　　组内主要道路两侧缺乏植被绿化，环境单调。

2. 部分道路还未硬化。

　　组内部分道路仍为渣土或泥巴路面，道路状况较差且不美观。

**道路交通安全设施问题**

1. 部分道路交叉口视野被阻挡。

　　该路段转角处有建筑物阻挡视野，不利于村民出行安全。

2. 局部路段未设置路灯。

　　该路段没有路灯，村民夜晚出行不便。

3. 部分火车和人行道交汇处未设置红绿灯和护栏。

　　该路段为火车轨道，未增添红绿灯和护栏容易造成安全隐患。

（b）

**道路交通整治方案（阳塘村交流组）**

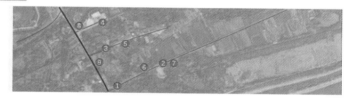

**道路环境质量提升**

**1. 保持路面整洁（①②③⑨）**

　　对组道进行人工清扫。首先巡查道路上有无影响车辆行车安全的杂物，要保持路面干净，无纸屑、砂石、泥土等明显杂物，无白色垃圾。禁止村民在道路上堆放杂物。

改造前　　　改造后

**2. 修复破损道路（⑥⑦⑧）**

　　对出现裂缝或坑洞的路段及时进行修补。提高道路质量，增加其使用年限，及时修补降低安全隐患。

修补前　　　修补后

**3. 绿植养护（④⑤）**

　　道路旁的草皮需按时修剪，不积水，必要时进行补植浇水。修剪妨碍视线的树丛。

修剪前

修剪后

（c）

图 4-3　项目四图件文件成果（续）

（b）村民小组道路交通现状问题分析图；

（c）村民小组道路交通整治方案图

## 2. 拟定工作计划（表 4-2）

村庄道路交通优化工作计划表　　　　　　　　　　　　　　　表 4-2

| 项目四<br>村庄道路<br>交通优化<br>工程流程 | 任务4.1<br>道路交通实地调研 | | 任务4.2<br>道路交通现状分析 | | 任务4.3<br>道路交通整治策略 | | 任务4.4<br>道路交通整治方案 | |
|---|---|---|---|---|---|---|---|---|
| | 【1】<br>实地调研<br>村庄道路<br>交通 | 【2】<br>熟悉村庄<br>道路分级<br>及交通安<br>全设施分类 | 【3】<br>分析道路<br>交通现状<br>布局 | 【4】<br>分析道路<br>交通现状<br>问题 | 【5】<br>明确农村<br>道路格局<br>保护要点 | 【6】<br>拟定农村<br>道路格局<br>保护措施 | 【7】<br>确定村庄<br>道路交通<br>整治措施 | 【8】<br>绘制道路<br>交通整治<br>方案图 |

| | 工作步骤 | | 操作要点 | 知识链接 | | 分工安排 |
|---|---|---|---|---|---|---|
| 1 | 任务 4.1<br>村庄道路<br>交通实地<br>调研 | 实地调研村庄<br>道路交通 | 1. 调研前准备；<br>2. 实地调研；<br>3. 调研总结 | | 微课：村庄道路交<br>通调研内容与方法 | |
| 2 | | 熟悉村庄道路<br>分级及交通安<br>全设施分类 | 1. 分析农村道路特点；<br>2. 进行农村道路分级；<br>3. 进行道路交通安全设施分类 | | 微课：村庄道路分<br>级及交通安全设施<br>分类 | |
| 3 | 任务 4.2<br>村庄道路<br>交通现状<br>分析 | 分析道路交通<br>现状布局 | 1. 总结道路交通现状布局的要点；<br>2. 分析道路交通现状布局的具体内容；<br>3. 绘制道路交通现状布局分析图 | | 微课：村庄道路交<br>通现状布局分析 | |
| 4 | | 分析道路交通<br>现状问题 | 1. 总结道路交通现状问题的要点；<br>2. 分析道路交通现状问题的具体情况；<br>3. 绘制道路交通现状问题分析图 | | 微课：村庄道路交<br>通现状问题分析 | |
| 5 | 任务 4.3<br>村庄道路<br>交通整治<br>策略 | 明确农村道路<br>格局保护要点 | 明确农村道路格局保护要点 | | 微课：村庄道路格<br>局保护原则 | |
| 6 | | 拟定农村道路<br>格局保护措施 | 1. 拟定村道格局保护措施；<br>2. 拟定组道格局保护措施；<br>3. 拟定入户路格局保护措施；<br>4. 拟定其他道路格局保护措施 | | 微课：村庄道路格<br>局保护措施 | |
| 7 | 任务 4.4<br>村庄道路<br>交通整治<br>方案 | 确定村庄道路<br>交通整治措施 | 1. 确定道路系统优化措施；<br>2. 确定丰富道路网体系措施 | | 微课：村庄道路系<br>统优化 | |
| | | | 1. 确定村庄道路养护措施；<br>2. 确定村庄路面硬化建设措施 | | 微课：村庄道路环<br>境质量提升 | |
| | | | 1. 确定村庄停车设施完善措施；<br>2. 确定道路交通安全设施完善措施 | | 微课：村庄道路交<br>通安全设施完善 | |
| 8 | | 绘制道路交通<br>整治方案图 | 1. 表达道路整治位置；<br>2. 表达道路交通整治要点和整治措施；<br>3. 表达道路交通整治前后的效果 | | 微课：村庄道路交<br>通整治方案图绘制 | |

## 任务实施

### 任务 4.1　村庄道路交通实地调研

村庄道路是村庄的重要基础设施，道路交通优化是改善村民生活质量的重要手段，在进行道路交通优化前，应该对村庄的道路交通情况进行全面、客观、细致的调研。

#### 4.1.1　厘清调研内容

调研前需要准备的资料和工具主要有：底图图纸、表格清单、拍照工具、绘图工具、测量工具和计算机等。道路交通优化实地调研清单见表4-3。

村庄道路交通实地调研时，可通过观察、询问、拍照、测量、计数等

村庄道路交通优化实地调研清单　　　　　　　　表 4-3

| 村庄名称 | | | 村民小组名称 | | | | 扫描二维码下载电子清单 |
|---|---|---|---|---|---|---|---|
| 调研时间 | | | 指导老师（校、企） | | | | |
| 学　校 | | | 班　级 | | | | |
| 项目小组 | | 项目负责人 | | | 技术骨干 | | 技术员 |

**调研信息**

| | 道路编号 | 道路名称 | 道路等级 | 道路功能 | 道路宽度 | 道路长度 | 道路走向 | 起止点 | | 路面材质 | 道路质量情况 | 道路绿化情况 |
|---|---|---|---|---|---|---|---|---|---|---|---|---|
| | | | | | | | | 起点 | 止点 | | | |
| 道路情况 | | | | | | | | | | | | |
| | | | | | | | | | | | | |

| | 公共停车情况 | | | | | 村民停车情况 |
|---|---|---|---|---|---|---|
| | 停车位置编号 | 停车位数量 | 场地材质 | 场地质量 | 使用情况 | |
| 停车设施情况 | | | | | | |
| | | | | | | |

| | 设施编号 | 设施名称 | 所处位置 | 设施数量 | 设施质量 |
|---|---|---|---|---|---|
| 道路交通安全设施情况 | | | | | |
| | | | | | |

**访谈记录**

方法记录调研情况，调研内容包括道路情况、停车设施情况和道路交通安全设施情况。

### 4.1.2　调研步骤与方法

依据调研清单，分别从道路情况、停车设施情况和道路交通安全设施情况展开调研。

#### 1.调研道路情况

在进行村庄道路情况调研时，可将调研的道路线型在图纸上描绘出来并进行编号；在道路情况记录表中记录道路编号、道路名称、道路等级、道路功能、道路宽度、道路长度、道路走向、道路起止点、路面材质、道路质量情况及道路绿化情况等。道路等级建议参考《乡村道路工程技术规范》GB/T　51224—2017和地方规范，如《湖南省村庄规划编制技术大纲（修订版）》等。道路起止点、道路质量情况及道路绿化情况的具体描述建议采用具体点位表达，可用 A、B、C 等表示点位。如图4-4中示意，具体情况记录见表4-4。

道路情况记录表　　　　　　　　表 4-4

| 道路编号 | 道路名称 | 道路等级 | 道路功能 | 道路宽度 | 道路长度 | 道路走向 |
|---|---|---|---|---|---|---|
| ① | 幸福路 | 村道 | 交通性 | 5m | 1235m | 东西向 |
| 起止点 | | 路面材质 | 道路质量情况 | | 道路绿化情况 | |
| 起点 | 止点 | | | | | |
| A：西部村口，通往平安村 | B：东部村口，通往荷花镇 | 沥青 | 整体良好，局部（C处）存在开裂和塌陷情况…… | | 道路两侧均种有行道树，局部路段（D处）灌木枯萎，杂草较多（E处）…… | |

图4-4　某村道路情况示意图

#### 2.调研停车设施情况

在进行公共停车设施调研时，可将调研的停车设施在图纸上标出所在位置并进行编号。在停车设施情况记录表中记录公共停车情况：位置编号、停车位数量、场地材质、场地质量、使用情况等，同时记录村民停车情况。停车位置编号建议采用"字母－数字"，如 T-1，见图4-5，具体情况记录见表4-5。

鉴于农村的现状情况，这里的车位数量一般只统计机动车停车位数量。

停车设施情况记录表 表4-5

| 公共停车情况 | | | | | 村民停车情况 |
|---|---|---|---|---|---|
| 位置编号 | 停车位数量 | 场地材质 | 场地质量 | 使用情况 | |
| T-1 | 4 | 水泥硬化 | 部分车位开裂，未划停车线，杂草丛生，环境较差…… | 平时作为村委会停车用，目前停车位数量不能满足日常需求…… | 条件整体较差，大部分村民私家车随意停在路边，少数停在院子里，个别建有停车库 |

图4-5 某村停车设施示意图

### 3. 调研道路交通安全设施情况

在进行道路交通安全设施调研时，可将调研的道路交通安全设施在图纸上标出所在位置并进行编号；在道路交通安全设施情况记录表中记录设施编号、设施名称、所处位置、设施数量及设施质量的情况。设施编号建议采用"字母－数字"，如S-1，见图4-6，具体情况记录见表4-6。道路交通安全设施分为信号灯、交通标志、路面标线、护栏、隔离栅、照明设备、视线诱导标和防眩设施八类，见表4-7。

图4-6 某村道路交通安全设施示意图

道路交通安全设施情况记录表 表4-6

| 设施编号 | 设施名称 | 所处位置 | 设施数量 | 设施质量 |
|---|---|---|---|---|
| S-1 | 减速带 | 村道中部下坡路段，幸福小学校门口西侧 | 1处 | 质量较好，在2021年设置 |

道路交通安全设施分类 表4-7

| 分类 | 具体内容（作用） |
|---|---|
| 信号灯 | 机动车信号灯、非机动车信号灯、人行横道信号灯、道路与铁路平面交叉道口信号灯 |
| 交通标志 | 警告标志、禁令标志、指示标志、指路标志、旅游区标志、道路施工安全标志、辅助标志 |
| 路面标线 | 禁止标线、指示标线、警告标线；行车道中线、停车线竖面标线、路缘石标线 |
| 护栏 | 阻止车辆越出路外，防止车辆穿越中央分隔带闯入对向车道；诱导驾驶员的视线 |
| 隔离栅 | 使高速公路全封闭，阻止人畜进入高速公路。可分为金属网、钢板网、刺铁丝和常青绿篱 |
| 照明设备 | 保证夜间交通的安全与畅通分为连续照明、局部照明及隧道照明 |
| 视线诱导标 | 沿车道两侧设置，用于明示道路线形、诱导驾驶员视线。夜间设置反光式视线诱导标 |
| 防眩设施 | 遮挡对向车前照灯的眩光，分防眩网和防眩板两种 |

知识链接

《乡村道路工程技术规范》GB/T 51224—2017节选

根据乡村道路在路网中的地位、交通功能及对沿线居民的服务功能，乡村道路可分为干路、支路和巷路。

《湖南省村庄规划编制技术大纲（修订版）》节选

**3.8　基础设施**

在县域、乡镇域范围内统筹考虑基础设施用地布局……合理衔接对外交通并优化村庄内部道路系统，实现25户以及100人以上自然村"组组通"。

（1）落实上位规划确定的基础设施及交通设施，加强与对外交通的衔接。

（2）优化村庄内部道路系统，规划道路级别、功能、宽度、错车道等设计应符合相关规范（详见表3-5），设置错车道路段的宽度不宜小于6.5米。

村庄内道路分级及技术指标表　　　　　　　表3-5

| 道路级别 | 道路功能 | 道路路面宽度（米） |
| --- | --- | --- |
| 村道 | 除乡道及乡道以上等级公路以外的连接建制村与建制村、建制村与自然村、建制村与外部的公路，不包括村内街巷和农田间的机耕道 | 4.5~8 |
| 组道 | 各组与组之间的道路，满足农户间的联系需求 | 3~5 |
| 入户路 | 连接村民住宅与村组路的道路，一般设置为单车道 | 1.5~3 |

注：道路宽度均指路面宽度。

村道实景见图4-7，组道实景见图4-8，入户路实景见图4-9。

（扫描二维码查看《乡村道路工程技术规范》GB/T 51224—2017全文）

图4-7　村道实景照片

图4-8　组道实景照片

图4-9　入户路实景照片

## 任务 4.2　村庄道路交通现状分析

调研完成后，通过相关规范学习、收集资料开展合作研讨，对村庄道路交通现状布局及村庄道路交通现状问题进行分析，完成村庄道路交通现状布局分析图。

### 4.2.1　道路交通现状布局分析

道路交通现状布局分析主要包括村庄道路系统的结构、村庄道路等级和功能、村庄道路走向、村庄道路尺寸、村庄道路路面环境等方面（表4-8）。

道路交通现状布局分析要点和具体内容　　　　　　表4-8

| 分析要点 | 具体内容 |
|---|---|
| 村庄道路系统的结构 | 分析该村的道路由哪几级道路组成，概括村庄道路网络结构（如两横三纵等） |
| 村庄道路等级和功能 | 分析村庄中每条道路的等级：村道、组道或入户路等；<br>分析村庄中每条道路的功能：如交通性、生活性、车行道、步行道、自行车道、观光路、机耕道等 |
| 村庄道路走向 | 道路的方位：道路位于村庄的具体位置，如北侧、中部等；<br>道路的走线方向：如南北向、东西贯穿等；<br>道路的起止点位置：如起止点为某村民小组、某干路等；<br>道路与外部的联系：如某道路往东通往某乡镇，往西连接某村等 |
| 村庄道路尺寸 | 道路的长度：根据起止点位置计算道路的长度；<br>道路的宽度：包括道路的整体宽度和各构成部分宽度，如车行道、人行道、绿化带、自行车道等宽度 |
| 村庄道路路面环境 | 道路路面情况：如是否硬化、硬化形式、铺装形式、路面使用情况等；<br>道路的环境：如道路两侧是否有绿植、绿植配置情况、路面新旧程度等 |

### 4.2.2　道路交通现状问题分析

道路交通现状问题分析主要包括村庄道路系统、道路环境质量、村庄停车设施、道路交通安全设施等方面（表4-9）。

道路交通现状问题分析要点和具体内容　　　　　　表4-9

| 分析要点 | 具体内容 |
|---|---|
| 村庄道路系统 | 村庄道路等级系统是否全面；<br>村庄道路联系是否便捷；<br>是否存在"断头路"等问题；<br>道路宽度是否达到规定要求，是否方便使用等 |
| 道路环境质量 | 路面是否硬化，硬化程度如何；<br>路面的质量是否存在问题，是否存在破损、坑洼等情况；<br>路面的铺装材质是否合适；<br>道路两侧是否种植绿化，是否影响行车视线，绿植生长情况如何等 |

续表

| 分析要点 | 具体内容 |
|---|---|
| 村庄停车设施 | 村庄现状停车位数量，是否能够满足使用需求；<br>村庄现状停车位分布情况，其分布是否合理，使用是否方便；<br>停车位场地是否硬化，场地材质状况 |
| 道路交通安全设施 | 分析村庄内存在哪些道路交通安全设施，主要包括：信号灯、交通标志、路面标线、护栏、隔离栅、照明设备、视线诱导标、防眩设施等；<br>分析道路交通安全设施的现状分布位置；<br>分析现有道路交通安全设施分布是否合理，是否能够保障村庄交通安全等 |

### 4.2.3 村庄道路交通现状布局分析图绘制

村庄道路交通现状布局分析图包含道路交通布局分析图、现状道路的照片展示、文字说明等内容，成果如图4-10所示，其图纸绘制要点和表达方法有：

①道路交通布局分析图。在村域图纸（地形图或卫星图）上用不同粗细、不同颜色的线型表示村道、组道和入户路等不同等级的道路，一般线型越粗道路等级越高，并配图例。

（扫描二维码查看图4-10全彩图片）

图4-10　道路交通现状布局分析图

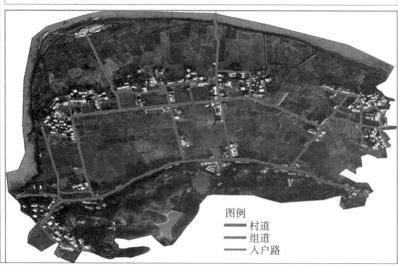

**道路交通现状布局分析（×× 村）**

该村道路系统由村庄村道、组道和入户路组成，道路系统较完整，对外交通联系方便，主要道路质量较好，部分入户路未硬化。

村庄村道呈东西走向，向西接××村、向东接××村，是该村对外交通的主要通道，路面宽约×m，路面材质为沥青。

村庄组道以南北向为主，连接各村民小组与村道，路面宽约×m，路面为水泥硬化。

入户路主要分布在村民小组内部，主要作为村民入户路，连接各组道，路面宽约×~×m，部分已水泥硬化，少量路面为泥土裸露。

图例
村道
组道
入户路

村道
组道
入户路
入户路

②**照片展示**。根据道路的等级，配上现状现场照片，并给照片标注等级名字。

③**文字说明**。用文字描述村庄道路系统的分级组成和道路网结构，描述道路的方位、走向、起止点位置、与外部的联系等，描述道路的长度、道路路面和环境情况等。

### 4.2.4　村民小组道路交通现状问题分析图绘制

对村民小组道路交通现状进行分析，道路交通现状问题分析图包含问题所在位置示意、问题照片展示、问题概要说明等内容，成果如图 4-11 所示，其图纸绘制要点和表达方法有：

①**问题所在位置示意**。用明显符号在图纸上标出村庄道路系统、道路环境质量、村庄停车设施、道路交通安全设施等问题所在位置。

②**问题照片**。附上对应问题的现状照片，直观展示村庄道路交通的问题，将位置、文字、照片用引线联系起来。

③**文字概要说明**。用文字具体描述村庄道路交通的具体问题，建议用归纳总结的方式进行描述。避免出现文字拖沓冗长。

图 4-11　道路交通现状问题分析图

107

## 任务 4.3　村庄道路交通整治策略

村庄道路不同于城市道路，其道路线型、道路等级、道路材质与道路绿化都具有村庄的特色，在村庄道路交通整治策略拟定时，应秉承因地制宜、方便生活、与自然地形和乡村风貌相协调的原则，以突出保护村庄道路格局为主制订策略。

### 4.3.1　村庄道路格局保护要点

村庄道路格局保护一般从道路线型、道路等级、道路材质、道路绿化四个方面展开。具体要点如下：

①道路线型。村庄道路需要方便村民生活、有利生产、安全经济。科学规划村庄道路路线走向，路线应与自然地形地貌相协调，不能随意更改原有的村庄道路线形。

②道路等级。村庄道路应依据道路等级，判定道路宽度及断面形式。

③道路材质。村庄道路应满足强度、稳定性等要求，充分利用当地材料及绿色环保新材料。

④道路绿化。村庄道路绿化在不影响道路安全的前提下，应保留和保护有价值的树木，优先选择地方性物种，道路绿化应与乡村道路沿线的自然风光相协调。

### 4.3.2　村庄道路格局保护措施

村庄道路格局保护措施根据道路等级不同有所侧重。以下依次分别从村道、组道、入户路、其他道路四个等级确定村庄道路格局保护措施。

1. 村道格局保护要点和具体措施（表 4-10）

村道格局保护要点和具体措施　　　　　　　　　　　　　　　表 4-10

| 保护要点 | 具体措施 |
| --- | --- |
| 道路线型 | 应顺应等高线，随形就势，避免大挖大填；<br>有条件的村庄，可增设步行道或自行车道 |
| 道路等级 | 村道应突出交通性功能，突出出行机动化、快速及高效的整治特点；<br>道路宽度 4.5~8m，断面一般为一块板；<br>部分因为场地因素无法扩宽的道路则保持原状，结合实际修建会车带 |
| 道路材质 | 路面铺装：采用水泥或沥青饰面铺装，避免使用水泥粗暴覆盖原有路面层；<br>路缘石：可选用水泥、混凝土、合成树脂、天然石材或传统青砖立砌等；区分路面的路缘高度宜整齐统一，可采用与路面材料适配的花砖或石料，或使用平缘石；<br>绿地与混凝土路面、花砖路面、石材路面和砂石路面的交界处可不设路缘 |
| 道路绿化 | 村道可选择一些高大乔木，宜以落叶乔木为主，使夏有树荫，冬有阳光；<br>完善道路广告、招牌、标志及电杆、变压器等，以便整体提升道路视觉环境品质 |

## 2. 组道格局保护要点和具体措施（表 4-11）

组道格局保护要点和具体措施　　　　　　　表 4-11

| 保护要点 | 具体措施 |
|---|---|
| 道路线形 | 应将乡村内部各组与组相连接，满足农户之间的联系需求；<br>应顺应等高线，随形就势，避免大挖大填 |
| 道路等级 | 以生活性功能为主，突出以人为本、方便便捷的特点；<br>道路宽度 3~5m |
| 道路材质 | 以保持原生态风貌为原则，道路路面铺装材质采用与村落风貌相协调的材质饰面（石板、石砖、沥青等）铺设，保护生活性街巷空间 |
| 道路绿化 | 路幅较窄的组道可选择小树冠乔木或灌木进行绿化，栽植形式可灵活多样。鼓励村民在道路两侧自主种植各类树木；<br>完善道路广告、招牌、标志、人行道铺面、道路设施小品及电杆、变压器等，以便整体提升道路视觉环境品质 |

## 3. 入户路格局保护要点和具体措施（表 4-12）

入户路格局保护要点和具体措施　　　　　　　表 4-12

| 保护要点 | 具体措施 |
|---|---|
| 道路线形 | 应将村民住宅与组路相连接；<br>维护和保持既有巷道形态和尺度，避免随意改道 |
| 道路等级 | 应以人行功能为主，并应符合现行国家标准《无障碍设计规范》GB 50763—2012 的有关规定；<br>道路宽度 1.5~3.0m |
| 道路材质 | 历史文化名村、传统村落、乡村旅游点等村庄入户路宜就地取材，采用石板或卵石等铺装形式；对既有石板路面、石台阶等应进行保护规整，不应简单采用混凝土覆盖；<br>一般村庄可采用混凝土路面 |
| 道路绿化 | 合理利用周边空闲地设置休闲空间 |

## 4. 其他道路格局保护措施（表 4-13）

其他道路格局保护措施　　　　　　　表 4-13

| 道路类型 | 具体措施 |
|---|---|
| 观光路 | 有条件的村庄可建设观光路，包括山体步道、田园步道或滨水步道等；<br>观光路断面形式可分为步道、自行车道或步道加自行车道三种形式。步道宽度一般为 1~2m，自行车道宽度一般为 2.5~3.5m；<br>因地制宜选择观光路铺装样式，可为砂石路面、石材路面、鹅卵石路面、防腐木路面、透水砖路面或透水沥青路面等 |
| 机耕道 | 机耕道建设避免大挖大填，破坏山体和田园风貌，路面宽度宜为 3.0~6.0m；<br>村庄应根据实际情况合理设置机耕道数量。有条件的可实施路面硬化，也可与观光路统筹规划建设 |

## 任务 4.4　村庄道路交通整治方案

道路交通优化是改善村民生活质量的重要手段，道路交通发展与人们生活质量提升密切相关，制订科学合理的村庄道路交通整治方案，直接关系到村庄人居环境质量的提升。本任务将从村庄道路系统优化、村庄道路环境质量提升、村庄停车设施完善、村庄道路交通安全设施完善四个方面制订村庄道路交通整治方案。

### 4.4.1　村庄道路系统优化

村庄道路系统优化包括村庄道路布局优化、村庄道路功能优化。

#### 1. 村庄道路布局优化

村庄道路布局优化着重考虑村庄道路网系统，实现村内外交通互联互通。丰富道路网络体系，使得村庄道路能承载各种交通功能的使用，见表 4-14。

村庄道路布局优化策略与具体措施　　　　　　　　　　表 4-14

| 策略 | 具体措施 |
| --- | --- |
| 优化道路系统 | 根据村庄发展实际需求，加强对外交通联系；<br>优化村庄内部道路系统，25 户以及 100 人的村民小组应以组路进行联系，实现"组组通"；<br>保留村庄原有的路网形态和结构，结合地形地貌、河流走向等优化道路线形；<br>必要时可打通"断头路"，形成通达性良好的村内路网格局 |
| 丰富道路网体系 | 有条件的村庄可结合村道、组道增设步行道或自行车道；<br>有条件的村庄可建设观光路，包括山体步道、田园步道或滨水步道等；<br>旅游型村庄可设置旅游线路 |

#### 2. 村庄道路功能优化

村庄道路功能优化重点关注村庄道路的通行能力。结合道路的级别、功能和使用需求，对道路路面进行拓宽；或是结合地形增设错车道等策略都能提升道路的通行能力，见表 4-15。

村庄道路功能优化策略与具体措施　　　　　　　　　　表 4-15

| 策略 | 具体措施 |
| --- | --- |
| 道路路面拓宽 | 结合道路的级别、功能和使用需求，对道路路面进行拓宽。其中，村道面宽 4.5~8m，组道路面宽 3~5m，入户路宽 1.5~3m，步道宽度宜为 1~2m，自行车道宽度宜为 2.5~3.5m，机耕道路面宽度宜为 3.0~6.0m |

续表

| 策略 | 具体措施 |
|------|---------|
| 设置错车道 | 要结合地形等情况，在适当距离内，即能看到相邻两个错车道的有利地点设置；<br>设置错车道路段的宽度不宜小于6.5m |

### 4.4.2 村庄道路环境质量提升

村庄道路环境质量提升包括村庄道路养护、村庄路面硬底化建设。

**1. 村庄道路养护**

村庄道路养护是提升村庄道路环境质量的重要手段，也是维护村庄道路环境质量的日常工作，具体包括保持路面整洁、破损道路修复、绿植养护和交通设施养护等，见表4-16。

村庄道路养护策略与具体措施　　　　　表4-16

| 策略 | 具体措施 |
|------|---------|
| 保持路面整洁 | 及时清除路面、路肩、人行道上的杂物、积水、杂草、干草等；<br>及时清理路面两侧排水沟，保持排水沟畅通 |
| 破损道路修复 | 对路面缺口、坑槽、坑洞、裂缝、沉陷等进行修复与加固，对存在涵洞的位置进行定期维护；<br>土路肩和砂砾质路肩，如产生车辙和沉陷应及时整修并保持一定横向排水坡度。岩石松动之处，必要时可用水泥混凝土铺补或设立金属网以防坠落到路面上 |
| 绿植养护 | 及时修剪妨碍视距的树丛、植被；<br>按时对路旁行道树、草皮等绿化进行修整、喷药、施肥、补植、浇水等养护工作 |
| 交通设施养护 | 定期对交通标志和标线进行清洁、维护、更新；<br>定期对路灯、信号灯、护栏等进行维护，有破损及时更换 |

**2. 村庄路面硬底化建设**

村庄路面硬底化是村庄道路环境质量提升最直接有效的方式。硬底形式包括：水泥硬化、沥青硬化、路面铺装。村庄路面硬底化坚持就地取材原则，村道及村内主要交通性道路宜采用水泥、沥青路面，有条件的村庄可采用透水混凝土沥青路面；入户路、巷路等其他生活性道路应结合当地特点，可选用块石、卵石、石板、弹石等地方天然材料进行铺装，做出多种形式，体现乡土气息和地方特色。

图 4-12 村庄生态停车位
实景照片（左）
图 4-13 村庄新能源车专
用停车位实景照
片（右）

虚拟动画

（扫描二维码查看"生态
停车坪"虚拟动画）

### 4.4.3 村庄停车设施完善

#### 1. 村庄公共停车设施完善

村庄公共停车设施主要指村庄公共停车场地及配套设施。随着村民生活质量的提升和村庄服务功能的日益扩展，应充分考虑乡村地区未来的小汽车发展趋势，合理布局和预留公共停车用地，见图 4-12。

利用村庄零散空地，减少机动车辆进入村庄内部对村民生活的干扰；结合村庄入口和主要道路，开辟集中停车场；有旅游功能的村庄，应根据旅游线路设置旅游车辆集中停放场地。大型运输车辆和大型农用车尽量在村庄边缘入口处停放；鼓励增设充电桩装置和新能源车专用停车位，见图 4-13；宜设置为生态停车场，场地铺装材质宜就地取材。

#### 2. 村民私人停车设施完善

村民私人停车设施主要指村民私人停车场地或者停车空间，村庄的停车秩序主要取决于私人停车设施的规划与设置。

鼓励结合村民房屋建设和改造，配建停车库，可以和农宅共同联建，也可以和杂物房联建；庭院空间充足的可以在农宅前坪后院进行庭院停车，见图 4-14；没有条件的亦可利用路边空地停车，路边停车通常采用平行停车，不得影响消防车、农用车等正常通行。

### 4.4.4 村庄道路交通安全设施完善

随着我国农村道路建设步伐不断加快，村民交通安全意识逐渐增强，农村道路交通安全设施的落后状况也在逐步得到改善。按照"安全、方便、节约"的原则，完善交通安全设施，加强道路交通管理，进一步提升村庄人居环境质量。村庄道路交通安全设施完善包括设置交通标志牌、设置减速设施、设置护栏、设置反光镜、设置路灯照明等，具体措施见表 4-17。

图 4-14　村民私人停车实
景照片

村庄道路交通安全设施完善策略与具体措施　　　　表 4-17

| 策略 | 具体措施 |
| --- | --- |
| 设置交通标志牌 | 村口应设置村牌、路标、交通限速标志牌；<br>在高路堤、桥头引道、陡坡、急弯、临水库、沿江、傍山险路、悬崖凌空等危险路段，应在路侧设置警告、禁止标志；桥头引道、漫水桥、过水路面等路段应设置警示标志；漫水桥、过水路面上应设置标杆；<br>在平面交叉路口，应设置道口标志；受限路段应在起终点处设置减速、限载、限高等警告标志；<br>铁路与道路平面交叉的道口应设置警告和禁令标志，并应设置安全防护设施。对无人值守的铁路道口，应在距道口一定距离设置警告和禁令标志；<br>有条件的农村道路可设置里程碑、漆划标线 |
| 设置减速设施 | 村口应设置减速带，或采用特殊铺装等减速设施；<br>连续长陡下坡路段应设置减速装置；<br>在主要交叉路口、农贸市场、学校附近应设置人行横道线，并应根据实际需要设置必要的指示标志、减速带或限速标志 |
| 设置护栏 | 在高路堤、桥头引道、陡坡、急弯、临水库、沿江、傍山险路、悬崖凌空等危险路段，应在路侧设置护柱、石砌护墩、石垛等安全设施，有条件的地方可设钢质护栏；<br>当公路穿越村庄时，村庄入口应设置标志，道路两侧应设置宅路分离挡墙、护栏等防护设施 |
| 设置反光镜 | 在视距不良的急弯路段，应根据需要设置线形诱导、警告、限速或反光镜等标志 |
| 设置路灯照明 | 根据村庄实情设置路灯照明。路灯宜布置在村庄道路一侧、"丁"字路口、"十"字路口等位置；<br>路灯应使用节能灯具；有条件的村庄，可以考虑使用太阳能路灯或风光互补路灯 |

### 4.4.5 村庄（或村民小组）道路交通整治方案图绘制

村庄道路交通整治方案图的图纸表达主要包含道路整治位置示意、整治措施、照片示意，要求图文并茂，清晰易读，成果如图4-15所示。其具体绘制要点有：

①**道路整治位置示意**：在村民小组底图上醒目地标出进行道路交通整治的具体位置，并用序号表示。

②**整治措施**：从村庄道路系统优化、道路环境质量提升、停车设施完善、道路交通安全设施完善等方面对村民小组的道路交通提出整治措施。表示其具体位置，用文字描述整治要点和措施。

③**照片示意**：用现状照片和效果图展示整治前后效果对比，效果图需要针对照片按措施绘制。

若村民小组道路交通整治点较多，可绘制多张图纸进行展示。

图4-15 道路交通整治方案图

**XX村XX组道路交通整治方案**

◆ **道路环境质量提升**

**1. 组道"白改黑"**

对该组的组道进行"白改黑"改造，改善路面质量，优化组道对内对外的通达性，道路路面宽8m，清理路侧杂物，种植绿化改善环境。

**2. 入户路硬化**

该处入户路现状为泥土路面，道路质量较差，整治时将该入户路进行水泥硬化，路面宽度2.5m。

**3. 清理更新路边植被**

在组内道路中间位置清理路侧杂草杂物，种植观赏性植物。

改造前 | 改造后

硬化前 | 硬化后

路边植被更新示意图

## 任务评价（表4-18）

项目四任务评价表　　　　　　　　　　　　　　　　　　表4-18

| 评价内容 | | | 评价维度 | 评分细则 | 标准分（分） | | 自评 30% | 互评 30% | 师评 30% | 企业教师 10% |
|---|---|---|---|---|---|---|---|---|---|---|
| 过程评价 50% | 【1】实地调研村庄道路交通 | 调研准备是否充分，调研是否全面，观察记录是否翔实，是否及时进行调研总结 | 素养 | 在实地调研时，有安全意识与合作意识 | 2 | 6 | | | | |
| | | | 知识 | 熟悉道路交通调研的内容 | 2 | | | | | |
| | | | 技能 | 灵活运用各种调研方法 | 2 | | | | | |
| | 【2】熟悉村庄道路分级及交通安全设施分类 | 是否熟悉农村道路的分级和道路交通安全设施的分类，能否结合前期调研情况对村庄道路进行合理分级，能否对道路交通安全设施进行正确分类 | 素养 | 在道路分级和设施分类时，做到实事求是 | 2 | 6 | | | | |
| | | | 知识 | 熟悉农村道路的分级和道路交通安全设施的分类 | 2 | | | | | |
| | | | 技能 | 能合理进行道路分级和道路交通安全设施分类 | 2 | | | | | |
| | 【3】分析道路交通现状布局 | 是否能够正确总结道路交通现状布局分析的要点，是否能够合理客观地分析道路交通现状布局，是否能够合理绘制道路交通现状布局分析图 | 素养 | 在道路布局分析时，具备大局意识，做到客观 | 2 | 7 | | | | |
| | | | 知识 | 掌握道路交通现状布局分析的要点和具体内容 | 2 | | | | | |
| | | | 技能 | 能够合理绘制道路交通现状布局分析图 | 3 | | | | | |
| | 【4】分析道路交通现状问题 | 是否能够正确总结道路交通现状问题分析的要点，是否能够合理客观地分析道路交通现状存在的问题，是否能够合理绘制道路交通现状问题分析图 | 素养 | 在道路问题分析时，具备实事求是的意识 | 2 | 7 | | | | |
| | | | 知识 | 掌握道路交通现状问题分析的要点和具体内容 | 2 | | | | | |
| | | | 技能 | 能够合理绘制道路交通现状问题分析图 | 3 | | | | | |
| | 【5】明确农村道路格局保护要点 | 是否熟悉农村道路格局保护要点 | 素养 | 具有乡土情怀和乡村振兴意识 | 1 | 5 | | | | |
| | | | 知识 | 熟悉农村道路格局保护要点 | 2 | | | | | |
| | | | 技能 | 能够列举农村道路格局保护要点 | 2 | | | | | |
| | 【6】拟定农村道路格局保护措施 | 是否能够结合村庄实际情况，合理地拟定村庄各级道路的格局保护措施 | 素养 | 具有因地制宜、就地取材的意识 | 1 | 5 | | | | |
| | | | 知识 | 熟悉农村道路格局保护的措施 | 2 | | | | | |
| | | | 技能 | 拟定各级道路的格局保护措施 | 2 | | | | | |

| 评价内容 | | | 评价维度 | 评分细则 | 标准分（分） | 自评 30% | 互评 30% | 师评 30% | 企业教师 10% |
|---|---|---|---|---|---|---|---|---|---|
| 过程评价 50% | 【7】确定村庄道路交通整治措施 | 是否能够结合村庄实际情况，合理地提出村庄道路交通整治措施 | 素养 | 具有因地制宜、服务村民的意识 | 2 | | | | |
| | | | 知识 | 掌握村庄道路交通整治的具体措施 | 3 | 8 | | | |
| | | | 技能 | 能针对现状交通问题，提出整治措施 | 3 | | | | |
| | 【8】绘制道路交通整治方案图 | 道路交通整治方案图绘制与参与度 | 素养 | 具有团队协作精神、分工意识 | 2 | | | | |
| | | | 知识 | 掌握道路交通整治方案图表达要点 | 2 | 6 | | | |
| | | | 技能 | 能够完整绘制出道路交通整治方案图 | 2 | | | | |
| 成果评价 50% | 村庄道路交通现状布局分析图 | | | 内容完整：道路交通布局分析、照片展示、文字说明、图例等 | 6 | | | | |
| | | | | 表达合理：用不同线宽和线型清晰地表达出不同的道路等级和道路功能，图文并茂、简洁易读、重点突出 | 6 | 15 | | | |
| | | | | 画面美观：布局协调、色彩适宜 | 3 | | | | |
| | 村庄（或村民小组）道路交通现状问题分析图 | | | 内容完整：位置示意、照片展示、问题文字说明等 | 6 | | | | |
| | | | | 表达合理：用醒目的符号配上照片，清晰地表达出道路现状的问题，图文并茂、简洁易读、重点突出 | 6 | 15 | | | |
| | | | | 画面美观：布局协调、色彩适宜 | 3 | | | | |
| | 村庄（或村民小组）道路交通整治方案图 | | | 内容完整：整治位置示意、整治要点文字说明、整治前照片与整治后效果图等 | 8 | | | | |
| | | | | 表达合理：整治前后应有效果对比，图文并茂、简洁易读、重点突出 | 7 | 20 | | | |
| | | | | 画面美观：布局协调、色彩适宜 | 5 | | | | |
| 合计 | | | | | 100 | | | | |
| 自我总结 | | | | | | 签名： | | 日期： | |
| 教师点评 | | | | | | 签名： | | 日期： | |

# 思考总结

### 1. 单项实训题

题目描述：某村村口附近有一处空地，用地规模约为 400m²，根据调研，该村庄缺乏公共停车场地，见图 4-16。

任务要求：请结合村庄风貌，将该用地设计为生态停车场。

成果要求：生态停车场规划设计总平面图，比例为 1 ：500。

附件：村庄风貌展示和用地 CAD 电子文件资料。

（扫描二维码下载
停车场用地相关附件）

图 4-16　规划停车场用地
　　　　　总平面图

### 2. 复习思考题

在道路交通优化过程中应如何与村庄风貌相协调？

# 村庄公共服务配套

村庄公共服务设施配套是村庄人居环境整治工作的重要内容。本项目由实地调研、现状分析、整治策略和整治方案4个任务组成，通过12个工作流程，小组合作完成村庄公共服务设施布点及某公共空间整治。在实践中，融合乡土村容村貌与现代设计语言，传承地方特色与地方文化，采用乡土材料、可再利用材料，结合村民意愿及村庄实际所需，合理布置村庄公共服务设施，合理定位公共空间功能，创造一个适合提升村民幸福感的公共空间。

## 教学目标

### 素质目标

1.在田园调研中，树立乡村振兴、崇尚劳动、务实求真的"忠心"。

2.在现状分析时，逐渐建立热爱乡村、服务乡村、尊重乡民的"爱心"。

3.在公共服务设施布点过程中，树立以人为本、经济适用、安全至上的"匠心"。

4.在制订公共空间整治方案时，树立传承传统文脉、提升地方材料性能、与时俱进的"创心"。

### 知识目标

1.能阐述村庄公共服务设施的现状问题、类别、特点及布点原则等。

2.能归纳村庄公共服务设施现状分析和布点的方法。

3.能归纳村庄公共空间整治策略拟定的方法，能列举1~2个村庄公共空间整治的案例。

### 能力目标

1.能对村庄公共服务设施进行分类及问题分析，并能应用计算机软件辅助绘制村庄公共服务设施现状分析图。

2.能合理地增加村庄缺少的公共服务设施并明确其具体的规模和位置，能绘制村庄公共服务设施布点图。

3.能针对一个公共空间，确定其整治要点，制订具体的整治措施，绘制村庄公共空间整治方案图。

# 案例导入（表5-1）

项目五课程思政案例导读表 表5-1

| 项目案例 | | 图5-1 小广场 | 门前三小工程是指家门口的"小广场""小书屋""小讲堂"，其中小广场用于文体健身，小书屋用于书籍借阅，小讲堂用于基层宣讲。<br>以"老百姓需要什么就做什么"为出发点，积极探索构筑农村公共文化服务的有形载体，盘活祠堂、民房、旧村部等闲置资源，在老百姓家门口建立起小广场、小书屋、小讲堂"门前三小"。<br>小广场给村民提供了一个跳广场舞、集会、健身运动的良好场地，使村民生活变得更加丰富，见图5-1 |
| | | 图5-2 小讲堂 | 小讲堂对村民进行了文化教育、安全教育等宣传；各种知识讲座的宣讲，使村民精神生活进一步提升，见图5-2 |
| | 整治故事 | 湖南攸县"门前三小"，有效破解农村公共文化服务场所在哪建、谁来建、怎么用、如何管等问题，同时丰富了群众的精神世界，密切了党群干群关系，净化了农村社会风气，提升了基层治理水平，美化了人居环境，真正打通了农村文化服务的"最后一公里"。"门前三小"成为当地老百姓喜闻乐见的有形有效的文化载体 | |
| 课程思政 | 内容导引 | 公共服务配套 | |
| | 思政元素 | 乡村振兴、守望相助、经济适用、传承文脉 | |
| | 问题思考 | 如何在公共服务配套中融入富有地域特色和文化底蕴的公共服务设施 | |

# 任务准备

## 1.任务导入

分组对村域公共服务设施进行现状调研，同时根据现状分析的结果，结合相关公共服务设施配置等要求，合理地进行公共服务设施布点；结合村民小组公共空间进行调研，提出公共空间整治策略，并制订整治方案。公共空间整治要求基于现状，不大拆大建；注重当地地域特征和文化特色，统筹村庄风貌；控制改造成本等。

（1）设计内容

**现状调研与主要问题研析**：分组对村庄现状公共服务设施及村民小组公共空间进行现状照片拍摄、定位与信息采集，研讨各类公共服务设施在位置、规模等方面存在的主要问题，同时分析公共空间现状问题。

**村庄公共服务设施布点**：根据现状分析的结果，合理选择并确定需要增加的公共服务设施，并确定其设施的规模和位置，最后，合理地进行公共服务设施的布点。

**公共空间整治策略与整治方案制订**：从场所环境、景观、铺装及设施四个方面提出公共空间整治策略，小组合作完成公共空间的整治方案总平面与效果图表达。

图5-3 项目五图件文件成果

（a）村庄公共服务设施现状分析图；

1.村庄公共服务设施的类型：阳塘村现状有党群服务中心、养老设施、便民超市、小餐馆、篮球场各一处，文化活动广场两处，另外在党群服务中心设置了阅览室、卫生室、警卫室、老年人活动器械等。因为该村是城中村，幼儿园和小学在村外。根据配置标准及现状所需，村庄还需配置一定的文体活动场地、老年人服务站。
2.村庄公共建筑现状分析：村委会中有党群服务中心，为三层建筑，设置了办事大厅、村委会办公室、会议室。村委会中还设置了阅览室、卫生室、警卫室、历史文化馆，但存在的最大问题就是虽然有设施，但是无人看管，造成"名存实亡"的现象。
3.村庄公共空间现状分析：1）文化活动场地和老年人健身器械缺乏；2）村庄北侧的周家组活动场地只设置了篮球场，缺少配套设施与景观；3）位于村庄东部的联合组未见公共服务设施，基本上没有活动场地。

（a）

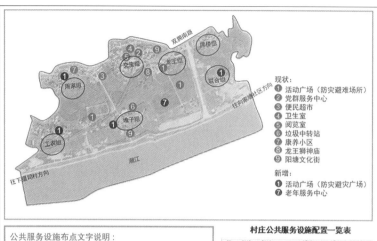

老年人服务中心

活动广场

活动广场

防灾避灾广场

现状：
① 活动广场（防灾避难场所）
② 党群服务中心
③ 便民超市
④ 卫生室
⑤ 阅览室
⑥ 垃圾中转站
⑦ 康养小区
⑧ 龙王狮神庙
⑨ 阳塘文化街

新增：
① 活动广场（防灾避灾广场）
⑦ 老年服务中心

公共服务设施布点文字说明：

根据阳塘村现状公共服务设施情况及村民需求，合理进行村庄公共服务设施布点。

1. 在村中心环境良好、安静地段增加一处老年服务站。

2. 每组增设一处村民小组的文体活动场地、增设村庄入口活动广场，同时针对现有场地的功能单一等问题对场地进行整治。

3. 文体活动场地兼防灾避灾的功能。

村庄公共服务设施配置一览表

（b）

联合组村民文体活动中心规划场地位于双拥南路东侧。规划场地现状道路部分已经开裂，场地内部杂草丛生。没有集中停车位，车辆随意摆放。

场地现状分析图

效果图

方案说明：

活动广场在平面布置中，清理了现状中的杂草，对开裂道路进行道路修缮，部分道路采取道路硬化措施，为村民锻炼提供了良好的环境。布置了健身场地和乒乓球桌，形成了运动休闲区，布置了休息长廊，为村民提供休息交流区。

场地意向图

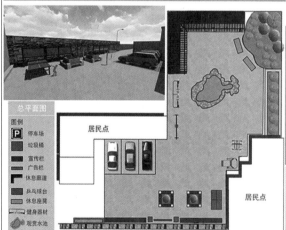

总平面图

图例
P 停车场
垃圾桶
宣传栏
广告栏
休息廊道
乒乓球台
休息座凳
健身器材
观赏水池

居民点

居民点

（c）

图 5-3 项目五图件文件成果（续）
（b）村庄公共服务设施布点图；
（c）村庄公共空间整治方案图

（2）设计成果，见图 5-3

村庄公共服务设施现状分析图；

村庄公共服务设施布点图；

村庄公共空间整治方案图。

## 2. 拟定工作计划（表 5-2）

村庄公共服务配套工作计划表　　　　　　　　表 5-2

项目五 村庄公共服务配套工作流程

- 任务5.1 村庄公共服务设施实地调研：【1】实地调研公共服务设施　【2】实地调研公共空间
- 任务5.2 村庄公共服务设施现状分析：【3】公共服务设施分类　【4】分析公共服务设施　【5】绘制公共服务设施现状分析图
- 任务5.3 村庄公共服务设施布点及整治策略：【6】确定村庄需增加的公共服务设施　【7】确定新增公共服务设施位置与规模　【8】绘制公共服务设施布点图
- 任务5.4 村庄公共空间整治方案：【9】拟定公共空间整治策略　【10】制订公共空间整治方案　【11】表达公共空间效果　【12】绘制公共空间整治方案图

| | 工作步骤 | | 操作要点 | 知识链接 | 分工安排 |
|---|---|---|---|---|---|
| 1 | 任务5.1 村庄公共服务设施实地调研 | 实地调研公共服务设施 | 1. 观察记录公共服务设施的位置、规模；<br>2. 收集公共服务设施基本信息；<br>3. 整理村民整治意愿 | 微课：村庄公共服务设施调研内容和方法 | |
| 2 | | 实地调研公共空间 | 1. 公共空间现状场地情况；<br>2. 公共空间周边情况 | | |
| 3 | 任务5.2 村庄公共服务设施现状分析 | 公共服务设施分类 | 1. 公共建筑；<br>2. 公共空间 | 微课：村庄公共服务设施的定义和分类 | |
| 4 | | 分析公共服务设施 | 1. 总结公共服务设施缺失情况；<br>2. 具体分析公共建筑风格、位置、规模、层数、质量等；<br>3. 具体分析公共空间位置、规模、功能、景观、环境、设施等 | 微课：公共服务设施的现状问题 | |
| 5 | | 绘制公共服务设施现状分析图 | 1. 绘制公共服务设施现状布局图；<br>2. 遴选具有代表性的公共服务设施照片；<br>3. 总结村庄公共服务设施现状 | 微课：村庄公共服务设施现状分析 | |
| 6 | 任务5.3 村庄公共服务设施布点及整治策略 | 确定村庄需增加的公共服务设施 | 根据村民意愿及公共服务设施配置标准合理确定需要增加的公共服务设施 | 微课：公共服务设施配置标准与布点要求 | |
| 7 | | 确定新增公共服务设施位置与规模 | 1. 对新增公共服务设施进行布局；<br>2. 村庄公共服务设施列表 | 微课：公共服务设施的布点原则与方式 | |
| 8 | | 绘制公共服务设施布点图 | 1. 绘制公共服务设施布点图；<br>2. 制作公共服务设施配置一览表；<br>3. 遴选适合村庄的公共服务设施引导示意图 | 微课：村庄公共服务设施布点图成果表达 | |
| 9 | 任务5.4 村庄公共空间整治方案 | 拟定公共空间整治策略 | 根据公共空间现状情况，从四个方面拟定整治策略 | 微课：场所环境和场所景观整治 | |
| 10 | | 制订公共空间整治方案 | 根据公共空间整治措施、课前现场调研分析结果，绘制公共空间整治方案总平面图 | 微课：公共空间整治要点 | |
| 11 | | 表达公共空间效果 | 根据方案总平面图及整治策略，合理确定公共空间各要素的风格及造型，表达公共空间的整体效果 | 微课：公共空间整治案例分析 | |
| 12 | | 绘制公共空间整治方案图 | 1. 表达整治前实景照片及现状情况；<br>2. 表达整治后总平面图及主要整治措施；<br>3. 表达整治后效果及重要节点示意引导 | 微课：公共空间整治方案成果表达 | |

## 任务实施

### 任务 5.1　村庄公共服务设施实地调研

村庄公共服务设施为乡村地区提供教育、医疗卫生、文化体育、劳动就业创业、社会保险、住房保障、社会服务、残疾人服务等公共服务，是村庄人居环境的重要组成部分。村庄公共服务设施实地调研任务通过实地走访、调研村庄公共服务设施和特定的公共空间，归纳整理村庄公共服务设施的现状资料，为后续现状分析奠定基础。

#### 5.1.1　确定实地调研范围

村庄公共服务设施实地调研范围包括村域公共服务设施和村民小组公共空间两部分。调研可以借助卫星地图、数字影像等手段确定公共服务设施和公共空间的具体位置。其中，公共空间范围需要根据村组诉求进行选定，其选取范围应完整并能体现周边环境关系，应确保选取的公共空间有整治的必要性。

#### 5.1.2　实地调研内容

实地调研过程主要分为拍照和资料收集两个方面。拍照要求实地详细拍摄村庄内所有公共服务设施的具体情况（图5-4），重点关注设施的优劣势情况，并随即在村域图纸上标注清楚公共服务设施所在位置和名称；资料搜集要求对公共服务设施基本情况全面调查，主要包括公共服务设施性质用途、规模等。具体调研内容见表5-3。

图5-4　党群服务中心

村庄公共服务配套实地调研清单 表 5-3

| 村庄名称 | | | 村民小组名称 | | | 扫描二维码 下载电子清单 |
|---|---|---|---|---|---|---|
| 调研时间 | | | 指导老师（校、企） | | | |
| 学　校 | | | 班　级 | | | |
| 项目小组 | 项目负责人 | | 技术骨干 | | | 技术员 | |

**调研信息**

| 行政办公 | 位置 | 占地面积（亩） | 建筑层数 | 建筑面积（m²） | 兼容其他设施 | | |
|---|---|---|---|---|---|---|---|
| 村委会 | | | | | | | |

| 幼儿园、学校名称 | 位置 | 占地面积（亩） | 建筑层数 | 建筑面积（m²） | 班级数（班） | 学生人数（人） | 教职工人数（人） |
|---|---|---|---|---|---|---|---|
| | | | | | | | |
| | | | | | | | |

| 电商情况（快递点、电商网点等） | | | | | | | |
|---|---|---|---|---|---|---|---|

| 文化活动室（处） | | 建筑面积（m²） | | 养老院（处） | | 建筑面积（m²） | |
|---|---|---|---|---|---|---|---|
| 图书室（处） | | 建筑面积（m²） | | 卫生室（处） | | 建筑面积（m²） | |
| 小卖部（处） | | 建筑面积（m²） | | 文体活动场地（简易戏台、健身设施等）（处） | | 用地面积（m²） | |
| 阳光养老设施（五保老人、留守儿童、老人服务设施）（处） | | 建筑面积（m²） | | 其他设施情况（处） | | | |

1. 您认为周边缺少的公共服务设施有（可多选）：
☐ 超市　　　☐ 农贸市场　　　☐ 餐饮店　　　☐ 室外运动场地　　　☐ 文娱活动中心
☐ 信用社／银行　　☐ 幼儿园　　☐ 卫生室　　☐ 其他：_____

2. 您认为周边缺少的公用设施有（可多选）：
☐ 用水设施　　☐ 污水设施　　☐ 垃圾收集
☐ 停车场地　　☐ 其他：_____

3. 您觉得村中目前亟待完善的公共服务设施是（可多选）：
☐ 卫生所　　　　　☐ 小学　　　　　☐ 幼儿园　　　　☐ 养老院
☐ 文化活动室、图书室　☐ 商店　　　☐ 活动健身广场　　☐ 祠堂
☐ 戏台等娱乐设施　　☐ 其他：_____

4. 如果本村未来完善文体设施，您认为应该从哪些方面入手（可多选）：
☐ 建设乒乓球室、篮球场、室内台球室等
☐ 建设广场舞场地
☐ 建设休闲散步道
☐ 增设棋牌室、文化活动室　　☐ 其他：_____

5. 从企业发展的角度，您认为本村在公共服务设施方面需要改善的是：
☐ 长途客运站　　　☐ 乡村公交站　　　☐ 公园、广场　　　☐ 祠堂、寺庙等特色设施
☐ 其他：_____

## 任务 5.2　村庄公共服务设施现状分析

村庄公共服务设施建设是农村发展的重要保障，是村庄人居环境整治的重要工作内容。随着农村经济的发展，既有的村庄公共服务设施已经不能满足日益增长的服务需求，对于村庄公共服务设施现状进行科学合理的分析，了解其主要存在的问题，掌握其分类和特点，才能为后续的整治工作提出科学合理的依据。

### 5.2.1　公共服务设施的现状问题

农村公共服务设施在城乡一体化进程中扮演着举足轻重的角色，但还存在着一些亟需解决的问题。

①**农村公共服务设施城乡之间仍有差距**。与城市相比，大部分农村地区公共服务供给方面，包括教育、医疗、养老保障水平和能力落后于城市，见图 5-5 中村庄小学。

②**农村公共服务缺少统一规划，管护机制不健全**。长期以来，因缺乏统一村庄规划，农村公共服务设施配置体系和空间规划存在不完善、不合理现象。公共服务设施方面，存在数量较少，分布较散，空间跨度大，设施实际使用体验较差，且服务人员素质较低，管理不到位，利用率不高等问题。

③**农村公共服务设施年久失修，影响村庄风貌**。如：公共建筑风格与村庄风貌不协调，无标志性、秩序性，建筑破旧脏乱、功能单一等，见图 5-6 中破旧办公楼。

④**农村公共服务设施建设体制不畅，资源整合困难**。由于每年投入公共服务设施建设上的资金有限，加上部分地区经济较为困难，基础设施建设投入不足，致使农村公共服务设施比较薄弱。

图 5-5　村庄小学（左）
图 5-6　某村委办公楼（右）

### 5.2.2 公共服务设施的定义与分类

村庄公共服务设施是指为村民提供公共服务产品的各种公共性、服务性设施，根据内容和形式分为基础公共服务、经济公共服务、社会公共服务、公共安全服务。

按服务类型细分，村庄公共服务设施可以理解为：是为乡村地区提供教育、医疗卫生、文化体育、劳动就业创业、社会保险、住房保障、社会服务、残疾人服务等公共服务的设施总称。

不同地区在分类上可能会有差异，以湖南省为例，根据《湖南省村庄规划编制技术大纲（修订版）》规定，可将公共服务设施分为七类。具体包括：公共管理、公共教育、文化体育、医疗卫生、社会福利、商业服务、公共安全。具体详见表5-4。

**公共服务设施表**                                    表5-4

| 设施类别 | 设施项目名称 | 服务内容 | 示意图片 |
|---|---|---|---|
| 公共管理 | 农村综合服务平台 | 村党组办公室、村委会办公室、综合会议室、档案室、信访接待等；村委办公楼示意见图5-7 | <br>图5-7 某村委办公楼 |
| 公共教育 | 幼儿园、小学 | 学龄前儿童、九年义务教育；幼儿园示意见图5-8 | <br>图5-8 某村幼儿园 |
| 文化体育 | 技术培训站、文化活动场地、文化活动室、阅览室 | 室外文体活动场地，可以包括简易戏台和健身设施等；文化活动室用于培训或小型演出；阅览室用于图书阅览、图书借阅；活动广场示意见图5-9 | <br>图5-9 某村活动广场 |

| 设施类别 | 设施项目名称 | 服务内容 | 示意图片 |
|---|---|---|---|
| 医疗卫生 | 卫生院、卫生室 | 医疗、保健、计生服务可与综合服务平台联合设置；<br>卫生院示意见图 5-10 |  <br>图 5-10　村委卫生院 |
| 社会福利 | 敬老院、养老服务站 | 为五保老人、留守老人服务的设施，可多村联合设置；<br>敬老院示意见图 5-11 |  <br>图 5-11　某村敬老院 |
| 商业服务 | 农贸市场、便民超市、电商网点 | 生活超市示意见图 5-12 |  <br>图 5-12　某村生活超市 |
| 公共安全 | 警务室、防灾避灾场所、消火栓 | 防灾避灾广场示意见图 5-13 |  <br>图 5-13　某村防灾避灾广场 |

另外，我们还可以根据公共服务设施是否有封闭的建筑空间划分为公共建筑和公共空间两大类。农村综合服务平台、村委会、幼儿园、小学、技术培训站、文化活动室、阅览室、卫生院、卫生室、敬老院、养老服务站、农贸市场、便民超市、电商网点、警务室、消火栓等属于公共建筑。文化活动场地、防灾避灾场所等属于公共空间。本任务主要从村庄公共建筑、村庄公共空间两个层面展开具体工作。

**知识链接**

《湖南省村庄规划编制技术大纲（修订版）》第三章3.7，对村庄公共服务设施规划提出了具体要求，同时该大纲附件5-1确定了公共服务设施项目配置标准。

3.7　公共服务设施

在县域、乡镇域范围内统筹考虑公共服务设施用地布局。根据村庄发展实际需求，合理布局公共管理与公共服务设施、商业服务业设施等，鼓励有条件的连线连片村庄实现公共服务设施共建共享。

### 5.2.3　公共服务设施的特点

分析村庄公共服务设施的特点，可以从村庄公共建筑和村庄公共空间两个方面进行归纳。

#### 1. 村庄公共建筑的特点

公共建筑的项目、规模和内容，一般根据村庄居民点的性质和等级加以配套，并且随生产的发展和群众文化生活水平的提高而不断完善和提升。另外，公共建筑属于村庄的标志性建筑居多，其建筑风格应与村庄整体风貌相协调，且具有可识别性。村庄公共建筑具有综合性、多功能性和基地性特点。

综合性。农村公共建筑一般规模较小，但对于公共服务设施建设项目要求又不能缺失。为方便农村居民的使用，有利于组织管理，并使之充分发挥效益，通常把性质相近、联系密切的用房成组建造或设在一幢建筑物内。如集镇文化中心包含文化、科技、宣传教育、体育等活动的用房和有关设施；综合服务中心包含商业、加工、修理等各种服务项目等。

多功能性。为充分发挥村庄公共服务设施使用率，以适应农村居民活动的季节性和集中性特点，村庄部分公共建筑应具有一房多用或便于灵活分隔的可能。如集镇影剧院除演出、放映外还可兼作集会场所，用作会议、宣传、展览等空间。

基地性。村庄公共建筑由于其位置、规模、设施和经营项目等的不同，其服务半径和对象常具有明显的差异，具有很强的基地性。例如，乡镇政府所在地的村庄公共建筑，既要为当地村民服务，又要发挥所属范围内经济活动的基地作用。以乡镇文化中心为例，其规模和设施的配置，既要考虑为所在村或街道的居民服务，又要发挥其在更大范围内组织文化活动、普及科学知识和提高村民科学文化素养的职能。

**2. 村庄公共空间的特点**

乡村公共空间是以承载村民的日常交往、民俗节庆等公共活动为主的，具有村庄记忆，体现乡村秩序的物质空间载体。包含村口、街头、老树下、河边、广场、水井、戏台、祠堂、庙宇等，此外还有各种乡村民俗节庆、婚丧嫁娶等仪式场合。其具有公共空间布局分散，规模小，形成自然；公共空间成员自觉意识不强的特点。

公共空间布局分散，规模小，形成自然。多数农村由于本身复杂的地理环境和农村村民的生活习惯，使得公共空间布局没有规律性可言，或缺乏布局；村庄公共空间边界主要由农村屋场和山林水田构建，其规模大多较小，形态不规则，但其功能性较强，是村民日常交流的空间，在农村具有较强的社会属性。从形成机制来看，农村公共空间的形成，多数以村民小组为单位自发形成，空间大多会依附于古树古井、开阔场地、庙宇祠堂、街巷庭院等。

公共空间成员自觉意识不强。农村百姓大多数淳朴而敦厚，由于家庭模式稳固，自给自足的小农经济体制遗留下来的意识仍旧十分浓厚，导致民众公共参与意识薄弱。他们不仅很少在公共场所内发表言论，提出诉求，在已形成的公共空间中也很少主动维护和参与建设。

### 5.2.4 村庄公共服务设施现状布局分析

村庄公共服务设施现状布局分析需要梳理村庄公共服务设施现状的情况，关注现状的数量和其归属的类型，一般从村庄公共建筑和公共空间展开现状分析，见表5-5。

村庄公共服务设施现状布局分析要点与内容　　　　　表5-5

| 分析要点 | 具体内容 |
| --- | --- |
| 村庄公共服务设施的数量和类型 | 对照表5-4，分析村庄现状公共服务设施的数量，分析其归属类型 |
| 村庄公共建筑分析要点 | 分析村庄公共建筑的风格：如村委会的建筑风格与村庄整体风貌相协调；<br>分析村庄公共建筑的位置：如位于村庄中心、沿村道布置等；<br>分析村庄公共建筑的规模：如村卫生室规模较小，不能满足村民的使用；<br>分析村庄公共建筑的层数：如村委会为3层，幼儿园为2层；<br>分析村庄公共建筑的质量：如村委会为近几年修建，建筑质量很好 |

续表

| 分析要点 | 具体内容 |
|---|---|
| 村庄公共空间<br>分析要点 | 分析村庄公共空间的位置：如村民活动广场布置在村委会附近，位于村中心；<br>分析村庄公共空间的规模：如村民活动广场规模过大，村民利用率较低；<br>分析村庄公共空间的功能：如村民活动广场仅布置了一个篮球场，功能单一；<br>分析村庄公共空间的景观：如村庄入口空间缺少入口标志和其他绿化景观；<br>分析村庄公共空间的环境：如健身广场设施破旧，杂草丛生；<br>分析村庄公共空间的设施：如缺乏村庄宣传、亮化、停车等设施情况 |

### 5.2.5 公共服务设施现状布局分析图成果表达

公共服务设施现状布局分析图包含公共服务设施现状布局、公共服务设施现状照片及文字分析等内容，见图5-14，其图纸绘制要点有：

①**公共服务设施现状布局图：** 在村庄地形图或卫星图基础上标注公共服务设施的位置及名称。为使公共服务设施位置表达更明确，图底关系表述更清晰，建议底图去色或减淡处理。

②**公共服务设施现状照片：** 根据调研情况，对不同的村庄公共服务设施进行拍照，将遴选出来的照片逐一进行编排，并对应照片标注相应的公共服务设施名称。

③**公共服务设施现状布局分析：** 主要描述村庄现状公共服务设施的具体情况。文字描述要求简明扼要。

图5-14 公共服务设施现状布局分析图

## 任务 5.3 村庄公共服务设施布点及整治策略

依据村庄公共服务设施现状布局分析的结果，对村庄公共服务设施进行合理的布点。依据相关规范及标准等，对村庄公共服务设施进行合理的配置。

### 5.3.1 村庄公共服务设施的规模与配置要求

以湖南为例，根据《湖南省村庄规划编制技术大纲（修订版）》对以下村庄公共服务设施提出配置要求。

1. 农村综合服务平台配置要求

一般来说，大部分村庄将现有村委会进行综合改造即升级为农村综合服务平台，其可综合设置文化活动室、阅览室等场地。

2. 幼儿园配置要求

3000 人以上的村庄必须设置幼儿园；如果村庄有小学，可结合小学进行设置；一般情况下，幼儿园适宜设置于靠近村中心、人口较为集中的村庄主要道路两侧。规模根据适龄儿童的数量确定。

3. 卫生室配置要求

村卫生室是必须设置的设施，可独立设置也可结合农村综合服务平台统一布置，建议布置在村庄适中位置，方便村民就医看病。一般一个行政村设一所村卫生室，人口少且邻近的行政村可以联合设置卫生室。建筑面积一般在 $60\sim100m^2$。

4. 文体活动场地配置要求

文体活动场地是村民集会和健身活动场地。规模较大、功能齐全的活动场地一般结合农村综合服务平台进行设置；另建议在村民小组结合美丽屋场建设或古树古井等特色景观节点布置小规模的文体活动场地，规模在 $300m^2$ 左右。

5. 文体活动室、阅览室配置要求

一般来说，二者均可结合农村综合服务平台布置，但需要有独立的使用空间，文体活动室的建筑面积应大于 $90m^2$。

6. 宣传设施配置要求

宣传设施应布置于村庄人流集中区域，如农村综合服务平台、村庄集市、村庄主要活动场地、村庄入口等，同时，可适当结合道路两厢、现有房屋的山墙、围墙等进行布置。

7. 养老服务站配置要求

可结合农村综合服务平台设置，根据实际情况，也可以多村联合建设，应设置于环境良好、较为安静的地段；也可根据村庄情况，将闲置的学校或其他用房改造为养老服务站。

8. 商业服务设施配置要求

便民超市和电商网点一般布置在村庄入口村组、村庄主要道路旁且人流集中处、村中心等。大于 3000 人的村庄需设置村庄农贸市场。

📖 知识链接

公共服务设施标准见《湖南省村庄规划编制技术大纲（修订版）》附件五：设施配置标准中附 5-1。

村庄公共服务设施项目配置标准表　　　　　　　附 5-1

| 设施类型 | 设施项目名称 | 设置级别 | | | 服务内容 | 配置要求 |
|---|---|---|---|---|---|---|
| | | >3000人 | 1001~3000人 | ≤1000人 | | |
| 公共管理 | 农村综合服务平台 | ● | ● | ● | 村党组办公室、村委会办公室、综合会议室、档案室、信访接待等 | 用地面积：300~500m² |
| 公共教育 | 幼儿园 | ● | ○ | ○ | 学龄前儿童 | 按照班级数确定生均面积，具体指标详见相关标准。配置人数应在区域范围内统筹协调 |
| | 小学 | ○ | ○ | ○ | 九年义务教育 | |
| 文化体育 | 技术培训站 | ○ | ○ | ○ | | 可独立设置也可与综合服务平台联合设置。文化活动室建筑面积≥90m² |
| | 文体活动场地 | ● | ● | ● | 室外文体活动场地，可以包括简易戏台和健身设施等 | |
| | 文体活动室 | ● | ● | ● | 用于培训或小型演出等 | |
| | 阅览室 | ● | ● | ● | 用于图书阅览、图书借阅 | |
| 医疗卫生 | 卫生院 | ○ | ○ | ○ | | 可独立设置也可与综合服务平台联合设置。建筑面积60~100m² |
| | 卫生室 | ● | ● | ● | 医疗、保健、计生服务可与综合服务平台联合设置 | |

续表

| 设施类型 | 设施项目名称 | 设置级别 | | | 服务内容 | 配置要求 |
|---|---|---|---|---|---|---|
| | | >3000人 | 1001~3000人 | ≤1000人 | | |
| 社会福利 | 敬老院 | ○ | ○ | ○ | | |
| | 养老服务站 | ● | ● | ● | 为五保老人、留守老人服务的设施，可多村联合设置 | 可独立设置也可与综合服务平台联合设置 |
| 商业服务 | 农贸市场 | ● | ○ | ○ | | |
| | 便民超市 | ● | ● | ● | | |
| | 电商网点 | ● | ● | ● | | |
| 公共安全 | 警务室 | ● | ○ | ○ | | |
| | 防灾避灾场所 | ● | ● | ● | | |
| | 消火栓 | ○ | ○ | ○ | | 根据人口聚居情况以及文物保护单位、传统建筑的分布来设置 |

注：规划应确定各类独立占地的基础设施和公共服务设施，对非独立占地设施应提出配建要求与规模。●为必要性内容，○为可选内容。

原则上以户籍人口为依据核算指标，有旅游发展、工业企业等基础或外来人口较多的，应结合实际考虑常住人口的需求。

### 5.3.2 村庄公共服务设施布点的原则

#### 1. 因地制宜，分类指导

村庄公共服务设施的配置要以满足农民的实际需要，因地制宜进行布点为根本原则和目标。根据地方经济和社会发展程度、现状地形和地理气候等条件综合确定配置的种类、数量及规模，切忌一个模式进行一刀切。

#### 2. 就地取材，降低成本

村庄的公共服务设施的配置必须提倡自力更生和厉行节约，挖掘地方资源的高效利用方式，充分体现节地、节能、节水和节材的"四节"方针，降低设施配置的成本。同时，通过就地取材能保持村庄的自然特色与人文景观，形成良好的循环利用模式。

#### 3. 整体规划，分期实施

村庄人居环境整治是一项长期的历史任务，村庄公共服务设施的配置必须从本地区城乡统筹发展的要求出发，在村民认可的前提下适当提高配置标准，同时结合村庄的发展实际，处理好近期建设与远期建设，改建与新建的关系，提出分期实施的安排。切实做好不同时期公共服务设施整治项目的统筹，提高整体服务水平。

### 5.3.3　村庄公共服务设施配置方式

根据建设主体的不同，村庄公共服务设施的配置方式可以分为借用型、合建型和独建型三种。

#### 1. 借用型

主要针对位于中心城镇附近的城郊村庄，村庄可以借用城镇部分公共服务设施，例如：小学、卫生院等，以避免重复建设，有效节约土地，实现借用共享。

#### 2. 合建型

主要针对区位位置邻近、道路交通联系密切且便利的多个村庄。整合多个村庄公共服务设施现状需求，进行统一规划、合作建设，实现共建共享。

#### 3. 独建型

主要针对规模较大的村庄或区位位置较偏远的村庄，村庄公共服务设施选择独立建设，采取自我建设、自我服务、自我管理的方式。此类公共服务设施一定要考虑村庄实际发展，切勿贪大求多，造成未来闲置浪费。

### 5.3.4　村庄公共服务设施布点图成果表达

村庄公共服务设施布点图包含公共服务设施布点、公共服务设施示意照片及公共服务设施配置一览表等内容，见图5-15，其图纸绘制要点有：

①公共服务设施布点图：根据村庄实际情况，合理增加公共服务设施，并在村庄地形图或卫星图上标注公共服务设施的位置及名称。为使公共服务设施位置表达更明确，图底关系表述更清晰，建议底图去色或减淡处理。

②公共服务设施示意照片：根据增设公共服务设施情况，选用合适的引导性示意照片。

③公共服务设施配置一览表：制订公共服务设施配置一览表，要求确定其类别、设施名称、服务内容、配置规模、位置等（表5-6）。

村庄公共服务设施配置一览表　　　　　　　　　　　表 5-6

| 类别 | 设施名称 | 服务内容 | 配置规模 | 位置 | 备注 |
|---|---|---|---|---|---|
| 公共管理 | 农村综合服务平台 | 村党组办公室、村委会办公室、综合会议室、档案室、信访接待等 | 占地面积 1800m² | ××组 | 现状保留、整治 |
| 公共教育 | 小学、幼儿园 | 为适龄儿童上学提供场所 | 小学占地面积 2700m²，幼儿园占地面积 1800m² | ××组 ××组 | 现状保留、整治 |
| 文化体育 | 文体活动场地 | 室外文体活动场地，包括简易戏台和健身设施等 | 300~500m²/处，总计 7 处 | 农村综合服务平台、各村民小组集中居民点 | 整治、新建 |
| | 文化活动室 | 用于培训或小型演出等 | 建筑面积 50m²，与综合服务平台联合设置 | — | 现状保留 |
| | 图书室 | 用于图书阅览、图书借阅 | 建筑面积 50m²，与综合服务平台联合设置 | — | 现状保留 |
| 医疗卫生 | 卫生室 | 医疗、保健、计生服务 | 80m² | ××组 | 现状保留、整治 |
| 社会福利 | 养老服务站 | 为五保老人、留守老人服务的设施，可多村联合设置 | 占地面积 500m² | ××组 | 新建 |
| 商业服务 | 便民超市、电商网点 | — | 现状一处建筑面积 50m²，新建一处建筑面积 80m² | 现状：××组 新建：××组 | 现状保留、新建 |
| 公共安全 | 防灾避灾场所 | — | — | — | 结合文体活动场地设置标识标牌 |

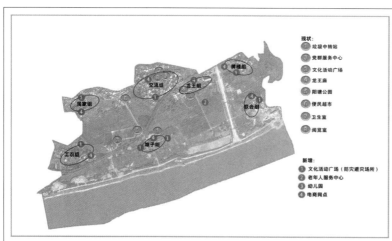

公共服务设施布点文字说明：
　　根据阳塘村现状公共服务设施情况及村民需求，合理进行村庄公共服务设施布点。
　　1. 每组增设一处村民小组文体活动场地，同时针对现有场地的公共服务设施单一等问题进行整治。
　　2. 文体活动场地可以作为防灾避灾场所。
　　3. 在村庄中心环境良好、安静地段增加一处老年人服务中心。
　　4. 在村庄内增设一所幼儿园，为当地幼儿提供就近入学场所。
　　5. 每组增设一个电商网点，方便村民购物。

图 5-15　村庄公共服务设施布点图

## 任务 5.4　村庄公共空间整治方案

村庄公共空间是为村民提供运动健身、休息娱乐、集会庆典等活动的重要场所，村庄公共空间整治是村庄人居环境整治的重要内容之一，本任务需要充分了解村庄公共空间，针对重点内容提出整治策略，制订村庄公共空间整治方案。

### 5.4.1　村庄公共空间整治要点

#### 1. 村庄公共空间整治原则

高效性原则。在易实施、易见效的基础上整治村庄公共空间，切忌大拆大建，以高效率低成本的方式加快提升村庄公共空间品质。

保护性原则。以山形地势、水系田园为依托，保护和延续村庄传统营建形制，保留村庄公共空间的原始肌理，保存村民原有的生活与交流方式。

地域性原则。保护传承当地营建技艺、材质、色彩等文化元素符号，积极运用本地材料，突出乡土特色和地域特点。

人本性原则。以人文关怀为中心，积极推动村庄无障碍设施改造建设。充分考虑老人与小孩的行为活动特点，合理安排幼老设施，体现乡情乡愁。

#### 2. 村庄公共空间整治要点

分别对村庄公共空间的场所环境、场所景观、场所铺装、场所设施提出整治要点，见表 5-7。

公共空间整治要点 表 5-7

| 整治项目 | 整治要点 |
| --- | --- |
| 场所环境 | 干净、卫生、整洁；村容村貌良好；规范、适宜 |
| 场所景观 | 保留和保护有价值的古树、古迹、古井等；与乡村自然风光相协调选择地方性植被 |
| 场所铺装 | 满足强度、稳定等要求；合理利用当地材料；水泥地面、地砖铺装、大理石铺装、鹅卵石铺装等 |
| 场所设施 | 设施齐全，满足功能需求；与场所环境、景观小品协调 |

### 5.4.2　村庄公共空间整治策略确定

针对村庄公共空间场所环境、场所景观、场所铺装、场所设施提出整治策略。

### 1. 场所环境整治策略

整治断壁残垣。做好群众宣传动员，依法依规清理无保护、无利用价值的构筑物和建筑物；清理长期无人使用、无人修缮的废弃房屋及残垣断壁。

清理乱堆乱放。清理村庄公共空间的柴草堆、杂物堆；清除占空间的砖瓦灰料等建筑材料、农业生产废弃物、废弃木料等。

拆除乱搭乱建。拆除公共空间的临时棚舍、废弃杆线等；梳理农村电力线、通信线、广播电视线"三线"，对违规搭挂线路进行治理，消除安全隐患。

整治乱贴乱画。对农村电杆、建筑物立面上的野广告进行全面清理；对各类广告牌的非规范宣传内容进行全面清理，引导广告标识统一规划、规范设置。

### 2. 场所景观整治策略

绿化景观整治。根据当地树种，合理配置乔木、灌木等植被，形成良好的绿化景观；定期对场所内的植物进行修剪、整理，见图5-16。

园林建筑整治。村庄园林建筑主要包括亭、台、廊、榭等；园林建筑风格应与村庄风貌协调，同时与场所的功能、特点相统一，见图5-17。

景观小品整治。景观小品主要包括雕塑、景墙、休憩座椅等；景观小品应与村庄风貌协调；应符合公共空间的功能和特点，体现村庄特色，见图5-18。

图5-16　绿化景观整治

图 5-17 园林建筑整治

图 5-18 景观小品整治

### 3. 场所铺装整治策略

采用当地常用的铺装材料，如石板、地砖、大理石、鹅卵石等；利用不同的铺装材料划分不同的场所空间，如运动场地、健身场地、儿童活动场地、老年人活动场地；铺装的形式应符合场所的功能需求，如大尺度铺装的集会场所、小尺度铺装的林荫巷道、硬质铺装的活动场地、软性铺装的休闲空间等，见图 5-19、图 5-20。

### 4. 场所设施整治策略

宣传设施整治。宣传设施包括标识牌、宣传栏、文化墙、广告牌

 虚拟动画

（扫描二维码查看
"雨水花园－公共空间打造"
虚拟动画）

图 5-19　广场铺装（左）
图 5-20　田间小道铺装（右）

等。对已经破旧的宣传栏、标识牌等进行修缮或者更换；标识牌应根据场所功能进行设置；对场所缺少的宣传设施进行合理的增设，见图 5-21、图 5-22。

亮化设施整治。亮化设施主要包括路灯、庭院灯、地灯等。应根据场所的使用功能来确定亮化设施的类型、照度和景观效果；亮化设施的外形、色彩应体现传统和生态要求，符合地域特色，保持村庄风貌协调。

图 5-21　文化宣传栏（上）
图 5-22　文化墙（下）

停车设施整治。在村庄公共空间内可以根据实际需求，合理配置停车位，包括机动车、非机动车停车位；停车场地应方便车辆进出，考虑无障碍设计及环卫车辆进入；建议停车位采用生态停车位，结合绿地一同设置，见图 5-23。

其他设施整治。主要指健身设施、垃圾桶、音箱等；对使用时间较长的健身设施进行修缮或更换，保证使用安全；新增的健身设施根据需要进行配置；应合理确定垃圾桶的位置，方便村民使用，垃圾桶的材质应与村庄风貌相协调，见图 5-24；空间场所内可根据实际需要设置广播音响，其造型应符合场所整体景观风貌要求。

图 5-23　生态停车位（左）
图 5-24　垃圾桶（右）

### 5.4.3　村庄公共空间整治方案制订

对某村庄公共空间制订整治方案，以图 5-25 村庄广场空间整治为例：

#### 1. 场地环境

清除场地杂草、杂物、垃圾、废弃物；清理场地内的乱贴乱画的宣传内容。

#### 2. 场地景观

整理场地内现有植被；增设树池；新增适合当地气候的植被，如种植灌木用来分隔空间；维护场地内现有景观小品，如修缮坏了的座椅；增设雕塑小品；新建园亭。

#### 3. 场地铺装

清洁现有铺装；采用铺装进行场地硬化，如大理石铺贴、鹅卵石铺

图 5-25　某村庄公共广场
空间整治方案图

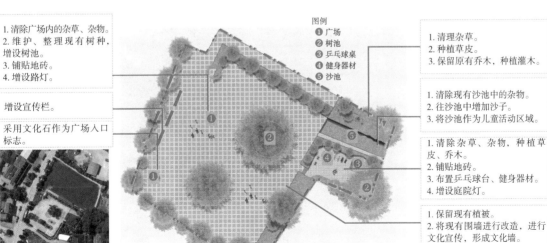

贴；为儿童活动场地、球场铺贴橡胶地面；铺装碎石路；增设儿童活动场地、老年人活动场地、球场等。

4. 场地设施

新增路灯、庭院灯、地灯、广播音响、垃圾桶等；新增健身设施、乒乓球台；修缮破旧的宣传设施；新增宣传栏、文化墙、标识牌、广告牌等；配置生态停车位。

### 5.4.4 村庄公共空间整治方案成果表达

村庄公共空间整治方案包含公共空间现状分析图、公共空间整治方案总平面图、公共空间整治效果图、公共服务设施示意引导及公共空间整治方案说明等，见图 5-26，其图纸绘制要点有：

①公共空间现状分析图：对需整治的公共空间的现状场地作分析，包括现状分析图、文字分析及场地现状照片。

②公共空间整治方案总平面图：对需整治的公共空间进行合理的功能分区，并针对场所环境、景观、铺装和设施 4 个要点进行相应的规划布局，并附上图例。

③公共空间整治效果图：展现整治后的公共空间的整体效果图。

④公共服务设施示意引导：对新增的运动场地、设施、景观等进行引导示意。

⑤公共空间整治方案说明：针对公共空间从环境、景观、铺装、设施 4 个方面的整治进行文字说明。

图 5-26　某村庄公共空间整治方案图

## 任务评价（表5-8）

项目五任务评价表 表5-8

| 评价内容 | | 评价维度 | 评分细则 | 标准分（分） | | 自评 30% | 互评 30% | 师评 30% | 企业教师 10% |
|---|---|---|---|---|---|---|---|---|---|
| **过程评价 55%** | 【1】实地调研公共服务设施 | 调研过程中对公共服务设施的记录及与村民交流收集基本信息和整治意愿情况的完成度 | 素养 | 在实地调研时，能做到尊重村民、爱护环境 | 1 | | | | | |
| | | | 知识 | 掌握公共服务设施信息收集与位置观察方法 | 1 | 4 | | | | |
| | | | 技能 | 能根据需要调整、使用问卷星 | 2 | | | | | |
| | 【2】实地调研公共空间 | 调研过程中对公共空间的观察记录以及与村民交流整治意愿情况的完成度 | 素养 | 在实地调研时，能做到尊重村民、爱护环境 | 1 | | | | | |
| | | | 知识 | 掌握公共空间要素的观察方法 | 1 | 4 | | | | |
| | | | 技能 | 能根据需要调整、使用问卷星 | 2 | | | | | |
| | 【3】公共服务设施分类 | 对公共服务设施进行分类的合理性 | 素养 | 在划分类别时，应尊重其标准 | 1 | | | | | |
| | | | 知识 | 掌握公共服务设施分类标准与方法 | 1 | 4 | | | | |
| | | | 技能 | 能根据公共服务设施功能，正确进行分类 | 2 | | | | | |
| | 【4】分析公共服务设施 | 分析公共建筑，分析公共空间，总结公共服务设施主要问题的工作完成度 | 素养 | 具备整体观和协调意识 | 1 | | | | | |
| | | | 知识 | 掌握公共建筑和公共空间的特点等基本知识 | 1 | 4 | | | | |
| | | | 技能 | 能合理进行公共建筑和公共空间的问题分析 | 2 | | | | | |
| | 【5】绘制公共服务设施现状分析图 | 公共服务设施现状布局图、公共服务设施现状总结等内容绘制与参与度 | 素养 | 在图纸综合时，能合理总结，具备主次意识 | 1 | | | | | |
| | | | 知识 | 掌握公共服务设施现状分析图表达要点 | 1 | 4 | | | | |
| | | | 技能 | 能利用计算机绘制公共服务设施现状分析图 | 2 | | | | | |
| | 【6】确定村庄需增加的公共服务设施 | 根据村民意愿及公共服务设施配置标准合理确定需要增加的公共服务设施的完成度 | 素养 | 具有传承地方文化的意识和文化自信 | 1 | | | | | |
| | | | 知识 | 掌握公共服务设施配置标准及布点原则等 | 2 | 5 | | | | |
| | | | 技能 | 能合理进行公共服务设施布点 | 2 | | | | | |
| | 【7】确定新增公共服务设施位置与规模 | 对新增公共服务设施进行布局及村庄公共服务设施列表的完成度 | 素养 | 具有敬恭桑梓、提升村民幸福感的意识 | 1 | | | | | |
| | | | 知识 | 掌握解决现状问题、实现设施布点的方法 | 2 | 5 | | | | |
| | | | 技能 | 能针对公共服务设施现状问题进行合理布点 | 2 | | | | | |
| | 【8】绘制公共服务设施布点图 | 公共服务设施布点图、公共服务设施配置一览表、适合村庄的公共服务设施引导示意图的绘制与遴选的参与度 | 素养 | 在考虑全局策略时，具有创新性、战略性思维 | 1 | | | | | |
| | | | 知识 | 掌握公共服务设施布点图表达要点 | 2 | 5 | | | | |
| | | | 技能 | 能利用计算机辅助绘制公共服务设施布点图 | 2 | | | | | |

续表

| 评价内容 | | | 评价维度 | 评分细则 | 标准分（分） | | 自评 30% | 互评 30% | 师评 30% | 企业教师 10% |
|---|---|---|---|---|---|---|---|---|---|---|
| 过程评价 55% | 【9】拟定公共空间整治策略 | 通过分析公共空间现状情况，从场所环境、景观、铺装及设施四个方面拟定整治策略的完成度 | 素养 | 具有统筹考虑问题的思维 | 1 | 5 | | | | |
| | | | 知识 | 掌握公共空间整治措施相关知识 | 2 | | | | | |
| | | | 技能 | 能为公共空间明确整治措施，确定整治策略 | 2 | | | | | |
| | 【10】制订公共空间整治方案 | 通过公共空间整治措施分析，依据课前现场调研分析结果，绘制公共空间整治方案总平面图的完成度 | 素养 | 具有乡土情怀和创新性使用乡土材料的意识 | 1 | 5 | | | | |
| | | | 知识 | 掌握公共空间整治要点 | 2 | | | | | |
| | | | 技能 | 能完成公共空间整治方案总平面图 | 2 | | | | | |
| | 【11】表达公共空间效果 | 根据方案总平面图及整治策略，合理确定公共空间各要素的风格及造型，表达公共空间的整体效果的完成度 | 素养 | 具有建筑风格与造型等基本的审美能力 | 1 | 5 | | | | |
| | | | 知识 | 掌握公共空间各要素的风格和造型的适宜性 | 2 | | | | | |
| | | | 技能 | 能正确使用 SU 等软件制作整体效果图 | 2 | | | | | |
| | 【12】绘制公共空间整治方案图 | 整治前实景照片及现状情况、整治后总平面图、整治后效果及重要节点示意引导的绘制与参与度 | 素养 | 具有建筑效果表达的艺术素养 | 1 | 5 | | | | |
| | | | 知识 | 掌握公共空间整治方案表达要点 | 2 | | | | | |
| | | | 技能 | 能重点表达出整治前后效果区别与整治措施 | 2 | | | | | |
| 成果评价 45% | 村庄公共服务设施现状分析图 | 内容完整度：村庄公共服务设施布局分析图、现状照片、现状分析说明等 | | | 3 | 10 | | | | |
| | | 表达正确度：公共服务设施现状分类与主要问题，分析图简洁易读、重点突出 | | | 4 | | | | | |
| | | 画面美观：布局均衡、色彩适宜 | | | 3 | | | | | |
| | 村庄公共服务设施布点图 | 内容完整度：村庄公共服务设施布点图，公共服务设施一览表，新增公共服务设施示意引导等 | | | 5 | 15 | | | | |
| | | 表达正确度：清晰明确表达出公共服务设施的布点 | | | 5 | | | | | |
| | | 设计创新度：布点时对地域性传承和地方文化尊重的体现 | | | 5 | | | | | |
| | 村庄公共空间整治方案图 | 内容完整度：改造前实景照片，改造后总平面与效果图，重要节点和设施引导示意 | | | 6 | 20 | | | | |
| | | 表达正确度：改造前后图片角度一致，总平面表达完整，整治效果图美观 | | | 6 | | | | | |
| | | 设计创新度：整治前后未影响公共空间功能并创新性地提升了村庄风貌 | | | 8 | | | | | |
| 合计 | | | | | 100 | | | | | |
| 自我总结 | | 签名：　　日期： | | | | | | | | |
| 教师点评 | | 签名：　　日期： | | | | | | | | |

## 思考总结

### 1. 单项实训题

对给定公共空间（图5-27）进行分析，对应公共空间整治要点，运用专业软件完成公共空间整治及总平面彩图表达。

（1）公共空间整治要求：

①该公共空间为一入口广场，兼具有村民活动的功能，应根据其功能合理进行整治。

②该公共空间应布置入口标识、宣传栏、垃圾桶、健身设施、活动广场，同时布置不少于5个停车位。

③依据农村风貌协调原则，确定公共空间选择合适的风格。

（2）总平面表达：

根据提供的公共空间整治要求，合理进行公共空间整治布局，运用CAD及Photoshop软件完成公共空间整治方案总平面图。要求：采用1：500比例。

（3）附图：公共空间卫星图。（提供电子文件）

（扫描二维码下载某村
公共空间卫星图）

图5-27 某村公共空间卫
星图

### 2. 复习思考题

在公共空间整治过程中如何结合地域文化和特色进行布局？

# 村庄环卫设施治理

村庄环境卫生对农村地区风貌形象提升、村民生活品质提升及社会经济可持续发展有着至关重要的作用，村庄环卫设施治理是村庄人居环境整治工作的重要内容之一。本项目由实地调研、现状分析、治理策略和治理方案4个任务组成，通过12个工作流程，小组合作完成村庄环卫设施治理策略拟定和方案制订。在实践中，学习针对不同类别的环卫设施，综合考虑现状情况，倾听村民诉求，制订适宜的治理策略和方案。

## 教学目标

### 素质目标

1.在环卫调研中，树立爱国爱党、家国情怀的"忠心"。

2.在现状分析时，树立敬恭桑梓、尚合大同的"爱心"。

3.在合作研讨时，树立青山绿水、职业精神的"匠心"。

4.在制订策略时，树立因地制宜、辩证思考的"创心"。

### 知识目标

1.能阐述村庄环卫设施的定义与内涵。

2.能阐述村庄环卫设施的现状与问题。

3.能归纳村庄环卫设施调研的方法与步骤。

4.能阐述村庄环卫设施治理的策略。

5.能描述村庄环卫设施治理方案的成果表达要求。

### 能力目标

1.能进行全面调研、收集村庄环卫设施情况，并能实测绘制典型农村户厕平面图。

2.能科学合理地对村庄环卫设施进行优劣势分析。

3.能按整治原则，结合村民实际需求，拟定村庄环卫设施治理策略，并绘制村庄环卫设施治理策略图。

## 案例导入（表6-1）

项目六课程思政案例导读表 表6-1

<table>
<tr>
<td rowspan="5">项<br>目<br>案<br>例</td>
<td colspan="2">
<br>图6-1　长沙县果园镇四级垃圾分类收集
</td>
<td>近年来，湖南省在农村人居环境整治工作中取得了一定成效，形成了多个环卫治理经典模式，起到了很好的示范作用。<br>长沙县果园镇为了改善人居环境，探索出一套适合当地实际的运行机制和工作模式。通过建立"户、组、村、镇"四级垃圾分类收集处置模式，实现垃圾的无害化、资源化、减量化和社会化，见图6-1</td>
</tr>
<tr>
<td colspan="2">
<br>图6-2　华容县分散生活污水处理
</td>
<td>华容县新移村是湖南省农村分散式生活污水治理示范点之一。该村建设了污水处理系统，将污水通过地下管网接入处理池，经过净化处理后的污水水质达到了三类水质，可浇灌田间地头的农作物。其做法率先成为湖南首座全面治理农村生活污水的典范，见图6-2</td>
</tr>
<tr>
<td colspan="2">
<br>图6-3　浏阳"首厕过关制"
</td>
<td>浏阳创新推出了"首厕过关制"，即各村改造或新建的第一个厕所，从选址到挖坑，从化粪池安装到调试，从验收到管护，各个环节都要严格按照相关标准进行，完全合格后才能全面施工，见图6-3</td>
</tr>
<tr>
<td>整治故事</td>
<td colspan="2">以上案例模式都是围绕"生产发展、生活宽裕、乡风文明、村容整洁、管理民主"的要求，以改善农民群众生产生活环境为目标，以增强农民群众文明卫生意识为着力点，以建立和完善农村环境卫生长效管理机制为保证，切实解决农村环境卫生存在的突出问题，全面提高农村环境卫生水平，加快和美乡村建设步伐</td>
</tr>
<tr>
<td>课<br>程<br>思<br>政</td>
<td></td>
<td></td>
</tr>
</table>

<table>
<tr>
<td rowspan="3">课<br>程<br>思<br>政</td>
<td>内容导引</td>
<td>村庄环卫综合治理</td>
</tr>
<tr>
<td>思政元素</td>
<td>乡村振兴、生态环保、绿色发展</td>
</tr>
<tr>
<td>问题思考</td>
<td>村庄环境卫生条件改善具体在乡村振兴的哪个方面起什么作用</td>
</tr>
</table>

# 任务准备

## 1. 任务导入

建议 3 ~ 5 人一组完成村庄环卫设施的现状调研、分析，并进行设施布点，针对村庄不同类别的环卫设施，提出整治策略和整治方案。

（1）设计内容

**生活垃圾治理策略及方案制订**：根据村庄生活垃圾配置要求，对现状生活垃圾进行分析，选择需要配置的生活垃圾设施类型，确定设施规模和位置，合理进行布点。

**生活污水防治策略及方案制订**：根据村民小组的生活污水排放和居住布局现状情况，提出适宜的污水处理方式，并布局污水处理设施。

**厕所提质改造策略及方案制订**：根据村庄户厕现状情况，依据不同需求，提出较为适宜的户厕改造方案。

（2）设计成果

村庄生活垃圾设施布局图，见图 6-4（a）。

通过调研分析，提出村庄生活垃圾的分类和投放策略，并在村域图纸上布点各类生活垃圾收运设施。

图 6-4　项目六图件文件成果

（a）村庄生活垃圾设施布局图；

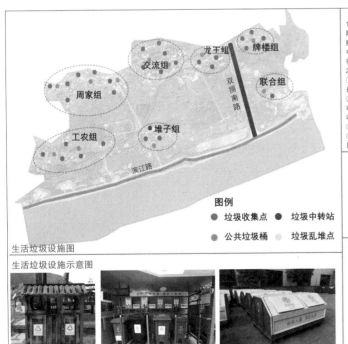

生活垃圾设施图

生活垃圾设施示意图

村庄生活垃圾现状情况及问题分析

1. 村庄生活垃圾现状情况：
阳塘村的生活垃圾已经有了一定的清洁维护。每个农户将家庭垃圾投放至组内垃圾桶收集点，然后收集至公共垃圾桶，最后全部转运到堆子组垃圾中转站，但村庄存在部分垃圾乱放的情况，且垃圾分类意识薄弱，没有进行垃圾分类。

2. 问题分析：
①垃圾分类及设施：目前该村庄有部分垃圾点已经开始进行垃圾分类，但是垃圾分类设施少。
②垃圾收集及设施：目前垃圾通过每个农户将家庭垃圾投放至组内垃圾桶收集点，然后收集至公共垃圾桶，最后转运至堆子组中转站收集，收集程序完整，设备较完善，运输无二次污染，也减少了运输成本。
③垃圾清理设施：村庄内垃圾清理设备简陋，采用人力清运车。
④公共区域垃圾设施：目前村庄内有配备公共垃圾桶，个别公共垃圾桶周围长久不处理，杂乱不堪，村内也存在少量垃圾成堆问题。

生活垃圾现状情况图：

| 村庄生活垃圾治理策略一览表 | |
| --- | --- |
| 策略名称 | 方式选择 |
| 生活垃圾分类方式 | 可回收、不可回收 |
| 生活垃圾投放方式 | 居民自行投放 |
| 生活垃圾治理方式 | 城乡一体化治理模式 |

| 生活垃圾治理规划设施、人员配置一览表 | | |
| --- | --- | --- |
| 类型 | 名称 | 数量 |
| 垃圾收集设施 | 家庭分类垃圾桶 | 440个 |
| | 垃圾收集点 | 200个 |
| | 村级垃圾分拣中心 | 1处 |
| | 公共垃圾桶 | 200个 |
| 人员 | 清洁人员 | 2人 |
| 设配 | 垃圾车 | 1辆 |

图例
● 垃圾收集点　　● 垃圾中转站
○ 公共垃圾桶　　　　垃圾乱堆点

（a）

**联合组生活污水现状情况及问题分析**

1. 联合组生活污水现状情况：

阳塘村联合组户厕污水一般是由各农宅配建的化粪池进行收集，收集后作为种植蔬菜的肥料。其他洗衣、洗米、洗菜、洗澡等生活废水则直接排入沟渠或池塘，部分垃圾渗出的污水和厨房污水也同样直接排放，造成了地表和地下水的污染。

2. 问题分析：

①家庭生活污水收集：厕所污水由各自家的化粪池收集，生活废水未进行收集，直接排放。

②生活污水管网系统：缺乏村级统一汇水管网，各户管道自排。

③生活污水处理设施：村内缺乏污水处理设施。

生活污水处理设施布点图

**图例：**

—— 污水干管　—— 污水接户管　● 化粪池　← 污水管流向
—— 污水支管　—— 化粪池接户管　▨ 农宅范围

污水干管

化粪池接户管

化粪池

污水支管

生活污水处理设施示意图

**村庄污水垃圾治理策略一览表**

| 策略名称 | 方式选择 |
| --- | --- |
| 农户户内收集系统 | 化粪式、隔油法 |
| 生活污水收集模式 | 纳管式收集模式 |
| 生活污水处理方法 | 城乡污水厂统一处理 |

**联合组生活污水治理策略**

1. 根据阳塘村现状，我们认为该村生活污水适合纳管式收集方式，采取全面覆盖纳管式收集方式的策略。
2. 增设统一的汇水管网。
3. 将不同的生活污水分类处理，并且安置相应的处理设施。
4. 雨水管与污水管分离。
5. 提升农村污水处理技术。
6. 加强对水资源保护的宣传力度，提高村民的水资源保护意识，禁止将污水排入塘中。

（b）

厕所现状总平面图

**现状厕所提质示意图及策略说明**

现状厕所平面图

厕所现状图

厕所提质策略说明：
重新粉刷墙面或给墙面贴砖，安装盥洗池、通风窗、排气扇。

厕所现状与整治策略示意图

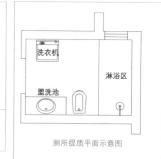
厕所提质平面示意图

化粪池定位、造型及技术示意图

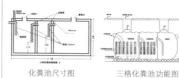
化粪池尺寸图　　三格化粪池功能图

污粪处理策略说明：
设置三格化粪池，将粪便的收集与无害化处理在同一空间、同一流程下进行，减少对环境的污染。
化粪池使用：可根据组内具体情况合理利用化粪池，可以相邻两户设置一个化粪池。

化粪池定位与污粪处理策略

厕所整治效果示意图

（c）

图6-4　项目六图件文件成果（续）

（b）村庄生活污水设施布局图；
（c）农户户厕改造设计引导图

村庄生活污水设施布局图，见图6-4（b）。

通过对村庄某村民小组或屋场的现场走访，了解村庄生活污水处理现状情况、某村民小组或屋场的生活污水管线和化粪池情况。

农户户厕改造设计引导图，见图6-4（c）。

调研测量绘制需要改造的农户户厕平面，对户厕提出改造设计引导，绘制出平面图，并提供户厕建造风格引导图。

2.拟定工作计划（表6-2）

村庄环卫设施治理工作计划表　　　　　　　　　表6-2

| 项目六 村庄环卫 设施治理 工作流程 | 任务6.1 村庄环卫设施实地调研 | | 任务6.2 村庄环卫设施现状分析 | | | 任务6.3 村庄环卫设施治理策路 | | | 任务6.4 村庄环卫设施治理方案 | | | |
|---|---|---|---|---|---|---|---|---|---|---|---|---|
| | 【1】村庄环卫设施调研内容 | 【2】村庄环卫设施调研步骤和方法 | 【3】村庄生活垃圾现状分析 | 【4】村庄生活污水现状分析 | 【5】农村厕所现状分析 | 【6】拟定村庄生活垃圾分类与治理 | 【7】拟定村庄生活污水收集与处理策略 | 【8】村庄厕所布局引导策略 | 【9】确定村庄生活垃圾处理设施布局方案 | 【10】确定村庄生活污水处理设施布局方案 | 【11】确定村庄户厕提质改造方案 | 【12】绘制村庄环卫设施治理方案图 |

| | 工作步骤 | 操作要点 | 知识链接 | 分工安排 |
|---|---|---|---|---|
| 1 | 任务6.1 村庄环卫设施实地调研 | 村庄环卫设施调研内容 | 1. 垃圾处理设施调研；<br>2. 污水处理设施调研；<br>3. 厕所调研；<br>4. 环境卫生情况调研；<br>5. 环保意识调研 | 微课：村庄环卫设施调研内容 | |
| 2 | | 村庄环卫设施调研步骤和方法 | 1. 了解调查目的；<br>2. 制订调查计划；<br>3. 确定调查方法；<br>4. 分析调研结果；<br>5. 编写调研报告 | 微课：村庄环卫设施调研步骤和方法 | |
| 3 | 任务6.2 村庄环卫设施现状分析 | 村庄生活垃圾现状分析 | 1. 调研村庄生活垃圾现状情况；<br>2. 分析生活垃圾收运处理存在的问题 | 微课：村庄生活垃圾现状分析 | |
| 4 | | 村庄生活污水现状分析 | 1. 调研村庄生活污水现状情况；<br>2. 分析生活污水收集处理存在的问题 | 微课：村庄生活污水现状分析 | |
| 5 | | 村庄厕所现状分析 | 1. 调研村庄公厕现状情况；<br>2. 实地测绘典型户厕平面；<br>3. 分析村庄户厕存在的问题 | 微课：农村厕所现状分析 | |

| | 工作步骤 | | 操作要点 | 知识链接 | | 分工安排 |
|---|---|---|---|---|---|---|
| 6 | 任务 6.3 村庄环卫设施治理策略 | 拟定村庄生活垃圾分类与治理 | 1. 拟定生活垃圾分类模式和投放方式；<br>2. 选取生活垃圾治理模式 | | 微课：村庄生活垃圾分类与治理 | |
| 7 | | 拟定村庄生活污水收集与处理策略 | 1. 拟定生活污水户收集和纳管形式；<br>2. 拟定生活污水治理模式；<br>3. 选取生活污水处理方法 | | 微课：村庄生活污水收集与处理 | |
| 8 | | 拟定村庄厕所布局引导策略 | 1. 拟定村庄公厕选址和选型；<br>2. 拟定典型户厕布局模式；<br>3. 确定典型户厕改造要点 | | 微课：村庄厕所布局引导 | |
| 9 | 任务 6.4 村庄环卫设施治理方案 | 确定村庄生活垃圾处理设施布局方案 | 1. 计算各类垃圾收运处理设施的数量；<br>2. 计算保洁人员和工具、设备配置数量；<br>3. 确定公共垃圾桶和投放点、收运站的布点 | | 微课：村庄垃圾设施规模与配置要求 | |
| 10 | | 确定村庄生活污水处理设施布局方案 | 1. 布置入户管和化粪池位置、走向；<br>2. 确定干管和支管的走向和组网 | | 微课：村庄生活污水处理设施布局 | |
| 11 | | 确定村庄户厕提质改造方案 | 1. 确定户厕改造要点；<br>2. 确定户厕平面布局改造方案；<br>3. 确定户厕改造风格引导 | | 微课：村庄户厕提质改造 | |
| 12 | | 绘制村庄环卫设施治理方案图 | 1. 生活垃圾设施布点图的表达；<br>2. 生活污水处理设施布局图的表达；<br>3. 户厕平面布局方案图的表达 | | 微课：村庄环卫设施治理方案成果表达 | |

## 任务实施

### 任务6.1　村庄环卫设施实地调研

村庄环境卫生设施（以下简称"村庄环卫设施"）的状况直接关系到居民的生活质量和健康状况。因此，需要对村庄环卫设施进行调查和研究，以便了解相关情况，并制订相应方案进行改善。本任务通过实地调研，了解村庄环卫设施的现状情况，掌握村庄环卫设施调研的方法和步骤。

#### 6.1.1　村庄环卫设施调研内容

**1.厘清调研内容**

为高效地完成现场调研任务，在赴现场之前，需要对调研内容进行梳理。村庄环卫设施调研一般包括以下内容：

垃圾处理设施。调查村庄地区的垃圾处理设施，包括垃圾桶、垃圾箱、垃圾收集站等。需要了解这些设施的数量、位置、清理频次和维护情况，以及存在的问题，如满载溢出、清理不及时、设施老化、缺乏维护、设施不足等。

污水处理设施。调查村庄地区的污水处理设施，包括污水处理站、污水处理池、生物池等。需要了解这些设施的数量、位置、处理能力和维护情况，以及存在的问题，如处理效果不佳、设施老化、处理池容量不足等。

厕所设施。调查村庄地区的厕所设施类型、数量、质量等情况，包括传统粪坑、简易厕所、卫生厕所等。同时，也需要调查这些设施的使用情况、维护情况和存在的问题，如清洁不彻底、设施老化、难以清洗等。

环境卫生情况。调查村庄地区的环境卫生情况，包括街道、村庄、河流等的清洁状况、存在的环境污染等。需要了解环境卫生存在的问题，如随意丢弃生活垃圾、农业废弃物、工业废弃物等，造成村庄及周边地区的脏乱差现象；如将生活污水、畜禽粪便、农业废水等直接排放到河流、湖泊、水库等，造成水体污染和水生态破坏的现象。

环保意识。调查村庄居民的环保意识和卫生意识，包括他们对卫生厕所、垃圾桶、垃圾房、污水池、化粪池等设施的名称、功能、使用方法等的了解程度。需要了解居民在环保和卫生方面存在的问题，如是否有乱倒垃圾、乱堆废弃物、乱排污水等不文明行为，是否有焚烧垃圾、秸秆等污染空气的行为。

调研清单样例见表6-3。

**2.收集调研资料**

《村庄环卫设施管护与管理办法》等资料。

《村庄环卫设施发展规划》等资料。

村庄环卫设施治理实地调研清单 表6-3

| 村庄名称 | | 扫描二维码下载电子清单 |
| --- | --- | --- |

**生活垃圾处理设施：**农户家中是否放置了分类垃圾桶？□有 □没有；垃圾收集点的数量____个，位置_____；垃圾池的数量____个，位置_____，村庄保洁人员人数___人；村内是否有垃圾转运站？□有 □没有；垃圾处理设施位置是否合理？□非常不合理 □一般 □较合理 □非常合理；农村居民是否有垃圾分类的意识和行动？□有意识和行动 □有意识但没有行动 □没有意识也没有行动 □不确定；

**生活污水处理设施：**村庄是否有污水处理设施？□有 □没有；村庄是否存在生活污水乱排放问题？□有 □没有；生活污水处理设施的数量____个，位置_____；村庄污水处理设施数量如何？□不足 □基本够用 □较多 □过多；污水处理设施位置是否合理？□非常不合理 □一般 □较合理 □非常合理；生活污水乱排放点数量_____个，位置_____；

**村庄厕所情况调研：**村庄是否有公共厕所？□有 □没有；公共厕所的数量____个，位置_____；公共厕所的卫生是否有专人维护？□有 □没有；村庄农户厕所的种类有哪些？□传统粪坑 □简易厕所 □卫生厕所 □其他：_____；村庄农户厕所质量如何？□非常差 □一般 □较好 □非常好；村民对厕所设施有哪些需求和意见？□增加数量 □提高质量 □加强维护 □其他：_____

### 6.1.2 村庄环卫设施调研步骤

**1.明确调研目的**

调研的目的是了解该村庄的垃圾收运相关设施、生活污水处理相关设施和厕所相关设施现状情况，包括设施数量、种类、分布情况、使用状况等，发现存在的问题和不足，为提高相关设施质量提出合理化建议。

**2.制订调研计划**

明确调研时间、地点、人员、调研方法等，制订调研计划。

**3.实地调研**

直接观察该村庄的垃圾收运相关设施、生活污水处理相关设施的种类、数量、工作情况、使用效果等；观察厕所的数量、种类、分布情况、使用状况等，并通过图纸标记或是文字记录下来。在实地调研时，应拍摄一些图片或视频资料，以便后续分析和总结。此外，应注意自身安全，遵守相关规定，不干扰村民的正常生活。

**4.分析调研结果**

将实地调研的结果进行归纳、分析，总结该村庄垃圾收运相关设施、生活污水处理相关设施和厕所相关设施的现状，发现存在的问题和不足，并提出改进建议。

在分析调研结果时，应从不同角度和层面出发，全面系统地分析调研数据和信息，确定存在的问题和不足，找出原因和影响因素，为后续提出建议和改进建议提供有力支撑。

## 任务 6.2　村庄环卫设施现状分析

村庄环卫设施现状分析是对调研的总结。本任务由 3 个工作流程组成，分别对村庄生活垃圾现状、村庄生活污水现状、村庄厕所现状进行客观科学的分析，为制订村庄环卫设施治理策略提供有效依据。

### 6.2.1　村庄生活垃圾现状

#### 1. 村庄生活垃圾污染现状

数量庞大，成分日趋复杂。村庄生活垃圾中工业产品日益增多，生活垃圾成分和含量趋向城市化；村庄生活垃圾的产生量也逐年增加，村庄平均每天每人生活垃圾量为约 0.8kg，全国村庄一年的生活垃圾量接近 3 亿 t；村庄生活垃圾的构成主要受农民生活水平、能源结构以及季节变化的影响。

随意倾倒，难以收集处理。农民村民居住分散，绝大部分村庄地区没有专门的垃圾收集、运输、填埋及处理系统；全国村庄一年的生活垃圾量中，约 1 亿 t 的垃圾被随意堆放。不仅侵占了大量土地，而且成为苍蝇、蚊虫等孳生的场所；垃圾在天然堆放过程中会产生甲烷等可燃气体，遇明火或自燃易引起火灾、垃圾爆炸等事故。

城市垃圾下乡，加重村庄生态环境压力。一些小城市由于资金和技术的局限，常常把城市垃圾向郊区、村庄等地"输送"，见图 6-5；城市垃圾排放进村庄而且排放得不合理，这就造成村庄生活垃圾处理的难度与日俱增。

#### 2. 村庄生活垃圾处理现状

村庄生活垃圾的处置仍处于初步探索阶段。随着村庄环境综合整治工作的推进，在一些试点地区取得了一些成效。以湖南省为例，截至 2020 年，湖南对村庄生活垃圾进行治理的行政村比例达 91.8%；全省建成乡镇垃圾中转设施 1079 座，日转运垃圾约为 2.7 万 t，洞庭湖地区收集转运体系基本建立；湖南省获得了很多经验，产生了村庄生活垃圾治理的很多典型模式，如长沙模式、宁乡模式。

我国村庄部分地区生活垃圾仍处于无序抛撒状态，见图 6-6。主要是缺乏有效的垃圾收集和处置机制，村民缺乏环保意识和垃圾分类知识，加之村庄地区基础设施建设滞后，致使生活垃圾的处理难度较大。

村庄生活垃圾收运和处置环节有待提高。部分地区缺乏垃圾收运车辆和垃圾处理设施，致使垃圾无法及时清理和处置，影响了村庄整洁和环境卫生。因此，需要进一步加强村庄生活垃圾收运和处置设施的建设和改

图 6-5　城市垃圾下乡倾倒
　　　　现场照片（左）
图 6-6　农村垃圾随意填埋
　　　　现场照片（右）

善，提高垃圾处理的效率和水平。

垃圾减量较少，垃圾分类有待推广。当前，村庄生活垃圾的减量化处理工作还比较薄弱，很多地区垃圾分类工作也未能有效推进。应当加大垃圾减量和垃圾分类推广的力度，提高村民的环保意识和垃圾分类知识，减少垃圾的产生和对环境的影响。

很多地区村庄生活垃圾处理方法有待提升。当前，一些地区仍存在采用传统方式处理垃圾，如焚烧、掩埋等，这些方法在环境保护方面存在一定的问题。因此，需要探索和推广新型的垃圾处理方式，如垃圾分类、有机肥料化等，提高村庄生活垃圾的处理效率和环保水平。

### 6.2.2　村庄生活污水现状

#### 1.村庄生活污水概况

村庄水环境是指分布在广大村庄的河流、湖沼、沟渠、池塘、水库等地表水体、土壤水和地下水体的总称。我国村庄人口分散，人口数量多，缺乏生活污水的收集和处理设施，这使村庄生活污染源成为影响水环境的重要因素。主要问题有：

村庄生活污水严重污染了村庄地区居住环境，见图 6-7。村庄生活污水是指农民日常生活产生的废水。这些污水中含有大量的有机物、病原体、营养盐等污染物，如果直接排放到村庄水体中，会导致水体富营养化、臭氧化、病菌传播等问题，影响村庄居民的健康和生活质量。

村庄大部分地区河、湖等水体普遍受到污染。《2020 中国生态环境状况公报》的调查结果显示，我国七大水系的长江、黄河、珠江、松花江、淮河、海河和辽河，水质总体状况为轻度污染。除了生活污水外，

图6-7 农村生活污水现场照片

农业生产中使用的化肥、农药、畜禽粪便等也是造成村庄水体污染的重要因素。

饮用水水质安全受到严重威胁，直接危害农民的身体健康。由于村庄缺乏有效的饮用水供应和监测系统，很多农民只能从附近的河流、湖泊、井水等取水饮用或灌溉。这些水源往往受到上游或周边的污染源的影响，含有各种有害物质，如重金属、病原体、亚硝酸盐等。这些物质进入人体后，会引起各种疾病。

**2. 村庄生活污水来源**

村庄生活污水主要来源于日常生活中产生的污水，包括：人畜排泄及冲洗粪便产生的污水；厨房产生的污水；洗衣和家庭清洁产生的污水；村庄居民洗澡产生的污水；以及从事村庄公益事业、公共服务和民宿餐饮、洗涤、美容美发等经营活动产生的污水。

**3. 村庄生活污水特点**

因生活习惯、生活方式、经济水平的不同，村庄生活污水的水质水量差异较大，污水有如下特点：污水分布较分散，涉及范围广、随机性强；管网收集系统不健全，粗放型排放，基本没有污水处理设施；村庄用水量标准较低，污水流量小且变化系数大（3.5~5.0）；污水成分复杂，但各种污染物的浓度较低，污水可生化性较强。

### 6.2.3 村庄厕所现状

**1. 村庄厕所现状特点**

户厕设施简单且卫生情况差。一些地方仍然使用普通旱厕或露天旱厕，由于缺乏管网设施，这些厕所不仅散发着难闻的臭气，而且容易孳生苍蝇、蚊虫等病媒生物，给农民的身体健康带来隐患。有的地方虽然使用

图6-8 农村公共厕所现状
照片（左）
图6-9 农村公共厕所内部
环境（右）

了卫生旱厕或冲水厕所，但由于施工质量差、维护管理不到位、使用不规范等原因，导致厕所堵塞、漏水、渗漏等问题，影响了厕所的正常使用和卫生条件，如图6-8、图6-9中公共卫生间。

公共厕所缺乏科学规划和有效管理。近些年乡村建设不断完善，村容面貌有了很大的改善，由于规划落实不同步，部分地区公厕建设还比较滞后，其位置、布局存在不合理现象，没有根据村庄人口密度来建设，建筑风格也生搬硬套，不能与村庄风貌相协调。公厕和公厕之间的距离较远，较大的区域内缺乏公厕配套设施，人均占有量低，且在外寻找公厕困难。

2. 村庄厕所运维及管理特点

卫生环保意识不强。部分村庄居民卫生意识不足，缺乏定期清理厕所的习惯，对卫生环境带来了影响。这主要是由于教育水平和文化程度的影响，以及缺乏有效的宣传和教育。为了解决这个问题，需要加强对村庄居民的卫生教育，增强他们的卫生意识和环保意识。政府可以通过开展宣传和教育活动、组织培训和讲座等方式，向村庄居民普及卫生知识和环保知识，引导他们养成定期清理厕所的好习惯。

管理和维护问题不到位。部分地区缺乏专业的厕所管理人员，导致了一些厕所无法及时清理和维护，也存在随地大小便的问题，给环境和生活带来了污染。为了解决这个问题，政府可以设立专业的厕所管理机构或聘请专业的厕所管理人员，加强厕所的日常清理和维护工作，及时排除污水和垃圾。同时，政府可以加大对村庄厕所管理和维护的监管和指导力度，对违规乱倒垃圾和随地大小便等不文明行为进行严肃处理，加强公众意识和责任感的培养，共同维护好村庄的卫生环境。

## 任务6.3　村庄环卫设施治理策略

根据村庄环卫设施现状分析结论拟定村庄环卫设施治理策略，包括制订村庄生活垃圾分类与治理策略，村庄生活污水治理策略，村庄厕所布局引导策略。有针对性地制订适合某个村庄的环卫设施治理策略是制订村庄环卫设施治理方案的前提和基础。

### 6.3.1　村庄生活垃圾治理策略

#### 1. 村庄生活垃圾分类

（1）生活垃圾分类的目的

生活垃圾分类的目的是减少垃圾对环境造成的污染和影响，同时实现垃圾减量。通过分类，可以将可回收物、有害垃圾和其他垃圾分开收集和处理，有效地减少垃圾的数量。垃圾减量可以降低垃圾处理成本，减轻垃圾处理设施的负担，同时也能够延长垃圾填埋场的使用寿命。因此，生活垃圾分类不仅有助于环境保护，还能够实现经济效益。

（2）生活垃圾分类的方法

生活垃圾分类的方法可以根据具体的分类标准和分类目的来确定。目前常见的分类方法包括按材质分类、按性质分类、按来源分类等。

按材质分类。将垃圾根据其主要材质进行分类，包括有机垃圾、可回收垃圾、有害垃圾、其他垃圾等。

按性质分类。将垃圾根据其特性和性质进行分类，包括可降解垃圾、可燃垃圾、不可降解垃圾、危险废物等。

按来源分类。将垃圾根据产生来源进行分类，包括家庭垃圾、餐厨垃圾、工业垃圾、建筑垃圾等。

（3）村庄生活垃圾典型分类模式

村庄生活垃圾分类是村庄环境卫生管理的重要组成部分，针对村庄生活垃圾一般有几种典型分类模式。以下是一些常用的村庄生活垃圾分类模式，见表6-4。

三分法。是一种比较简单的分类方法，将村庄生活垃圾分为三类：有害垃圾、可回收垃圾和其他垃圾。其中，有害垃圾包括废电池、废荧光灯管等有害物品；可回收垃圾包括废旧金属、旧报纸等可回收的资源；其他垃圾包括餐厨垃圾、家电废品等。

二次四分法。是一种将村庄生活垃圾按两次分成四类的分类方法。首先由垃圾产生者按是否易腐烂为标准对生活垃圾进行初步分类，分成"会烂"和"不会烂"两类；村保洁员（分拣员）、收集运输经营者在分类收集各户垃圾的基础上，进行二次分类，对不会烂垃圾以能否回收和是否有害为标准，再分为可回收垃圾、有害垃圾和其他垃圾三类。

五点减量法。是一种将村庄生活垃圾分为五类的分类方法。分别为：餐厨垃圾、可回收垃圾、有害垃圾、大件垃圾和其他垃圾。通过这种分类方法，可以有效地控制村庄生活垃圾总量，并加强对不同垃圾类型的处理和利用。

五步走模式。是一种对村庄生活垃圾进行全方位管理的分类模式。该模式包括五个步骤：分类、运输、中转、处理和回收。通过这种模式，可以最大限度地降低垃圾对环境的污染，提高垃圾资源的回收利用率。

（4）村庄生活垃圾资源化利用

村庄生活垃圾资源化利用是指对村庄生活垃圾进行科学的处理和利用，以达到垃圾减量、资源化利用、环境保护等目的。在农村地区，垃圾处理的主要问题包括垃圾无序、垃圾量大、处理设施缺乏等，因此村庄生活垃圾资源化利用，可以最大化减少垃圾污染，并节约垃圾处理成本。以下提供垃圾回收利用、堆肥、制沼、水泥窑协同处置等常见的四种村庄生活垃圾资源化利用方法。不同的方法各有缺点，应根据村庄现状情况制订合理的生活垃圾资源化利用策略，见表6-5。

**村庄生活垃圾分类方法表**  表6-4

| 案例 | 分类方法 | 分类重点 | 处理方法 | 资金筹集模式 | 环境效益 | 经济效益 | 社会效益 |
|---|---|---|---|---|---|---|---|
| 湖南长沙 | 三分法 | 可回收垃圾、有害垃圾 | 县域内打通分类后垃圾资源化、再生及无害化处理全产业链 | 政府付费+村民缴费模式 | 2018年回收低值可回收物7356.60t，处理有害垃圾162.49t，需转运处理的垃圾减量90% | 打通垃圾分类回收终端处理渠道，有机垃圾、可回收垃圾及有害垃圾变废为宝创造了经济价值 | 覆盖农户204224户，垃圾分类减量村覆盖率达31% |
| 浙江金华 | 二次四分法 | 有机垃圾 | 有机垃圾进入阳光堆肥房；低值可回收物兜底上门回收；其他垃圾户集、村收、镇运、县处理 | 财政兜底，社会参与（共建美丽家园维护基金） | 减量80%~85% | 每年能节省下垃圾清运、填埋等费用500多万元，10年可以收回投入成本 | 垃圾分类已覆盖100%的乡镇和98.1%的行政村，85%的自然村，形成了全民分类的社会氛围 |
| 湖南宁乡 | 五点减量法 | 有机垃圾、建筑垃圾 | 有机垃圾及建筑垃圾等大体量垃圾由农户自行还田还土；可回收垃圾由废品收购站回收利用；其余垃圾进入垃圾处理厂 | 上级财政付费＋鼓励村内自筹资金；财政支持＋村民自筹（每人每月一元钱） | 减量66.5% | 垃圾分类回收金额的100%对保洁员给予补助，一定程度上为贫困人口纾困；垃圾清运费减少30% | 大力发动妇女、儿童、老人参与垃圾分类，农户主动参与程度高，社会氛围良好 |
| 四川罗江 | 五步走模式 | | | | 减量85%~90% | 增设近千名保洁员，增加村庄就业岗位 | 一元钱模式激励农户主动参与垃圾分类和村庄环境整治 |

村庄生活垃圾资源化利用表                                                        表6-5

| 治理方式 | 使用范围 | 技术特点 | 注意事项 |
|---|---|---|---|
| 回收利用 | 可回收物，如废纸、塑料、金属等 | 节约资源，减少污染，经济效益好 | 应设置分类回收点，确保分类回收 |
| 堆肥 | 厨余垃圾、畜禽粪便等 | 操作简便，制成的有机肥料对土壤有益 | 应控制好水分、C/N比，避免异味、发热等问题 |
| 制沼 | 畜禽粪便等 | 可产生沼气，沼渣可作有机肥料 | 应注意控制温度，避免过高或过低 |
| 水泥窑协同处置 | 包括其他垃圾、有害垃圾等 | 与水泥生产联合处置，能有效降低污染 | 应注意垃圾的可燃程度，避免引起事故 |

**2. 村庄生活垃圾收集**

建立节点化收集系统。以相应的建制村（组、社区）为节点，将垃圾桶、投放点或收集点（房）中的垃圾集中起来，保持环境整洁，并方便垃圾的分类处理。

村庄生活垃圾的收集方式通常包括村民自行投放和保洁员上门收集两种方式。

村民自行投放方式。这种方式是指居民将垃圾分类后自行投放到垃圾桶、投放点或收集点（房）中，然后由专门的垃圾收运车辆定期收集运输。村民需要按照规定分类垃圾，不同类别的垃圾应该分别存放，禁止混合收集。可回收垃圾应该单独存放，经过专门收集后再进入再生资源回收系统。有害垃圾则需要妥善存放，并由保洁员上门收集后交由专业机构进行处理。一般来说，无机垃圾可以就地处置，而大体积建筑垃圾则需要采用综合处理的方式进行处理。

保洁员上门收集方式。保洁员上门收集方式是指专门的保洁员根据村庄制订的收集计划，按照规定的时间和路线，上门收集居民投放的垃圾。这种方式适用于一些居民无法自行投放垃圾的特殊情况，如老年人、残疾人、病患等，以及一些需要特殊处理的垃圾，如有害垃圾。保洁员需要做好垃圾分类的工作，并采用密闭式收集装备，避免垃圾在收集和运输过程中对环境造成污染。

生活垃圾的收集和运输应采用密闭化方式，逐步淘汰敞开式收集装备。这样可以有效地减少垃圾的二次污染，保障居民健康和环境的整洁。

**3. 村庄生活垃圾治理模式**

**（1）治理模式选择**

村庄生活垃圾治理模式可以根据不同情况采用不同的模式。具体包括：城乡一体化治理模式、乡镇集中治理模式、偏远村庄分散治理模式，见表6-6。

村庄生活垃圾治理模式                    表6-6

| 治理模式 | 适用场景 |
|---|---|
| 城乡一体化治理模式 | 将城市和村庄的生活垃圾治理纳入一个整体计划中进行，实现资源的共享和优化。这种模式适用于城市和周边村庄交错的地区 |
| 乡镇集中治理模式 | 将多个村庄的生活垃圾集中到一个地方进行处理，这个地方通常是乡镇中心。这种模式适用于相对密集的村庄 |
| 偏远村庄分散治理模式 | 对于偏远地区和人口稀少的村庄，可以采用分散治理模式，即每个村庄自行处理自己的生活垃圾。这种模式适用于山区和荒漠化地区等人口稀少的地区 |

城乡一体化治理模式。该模式是在城市化进程加速、城乡联系日益紧密的背景下逐渐形成的。通过建立城乡一体化的垃圾治理体系，将城市和村庄的生活垃圾进行统一的分类、收集、转运和处理，实现资源循环利用，提高垃圾治理的效率和质量。

乡镇集中治理模式。该模式主要适用于人口稠密的村庄地区，通过在乡镇设置垃圾中转站和处理设施，实现对村庄生活垃圾的集中收集、分类、转运和处理。乡镇集中治理模式可以减少垃圾运输成本，提高垃圾处理效率，也有利于环境保护和资源利用。

偏远村庄分散治理模式。该模式主要适用于偏远山区、人口稀少地区等特殊情况下的垃圾治理。由于该地区交通不便、居民分散，采用传统的垃圾收集和处理方式不太适合。因此，可以采取一些适应当地情况的分散治理方式，例如采用小型垃圾处理设备、利用有机肥料化解垃圾等方式，实现垃圾治理的基本要求。

（2）村庄生活垃圾转运

要实现村庄生活垃圾有效治理，就离不开垃圾的转运。本任务需要能估算垃圾的清运量，并明确垃圾转运设施。

确定清运量。为了更好地进行村庄生活垃圾转运，需要对清运量进行估算。对于村庄生活垃圾，可按照实测日产量的30%进行估算，而对于集镇生活垃圾，可按照实测日产量的40%进行估算。通过对清运量的合理估算，可以更好地规划转运设施的投入和安排转运计划。

转运设施。村庄生活垃圾转运设施包括转运站和垃圾转运车。转运站是进行垃圾转运的中心，一般建立在村庄或集镇周边，方便垃圾转运车的进出。垃圾转运车是进行垃圾转运的重要工具，可以将村庄或集镇的垃圾运输到处理厂进行处理。为了保障转运设施的运转效率和安全性，需要对其进行定期维护和检修，确保其正常运行。同时，也需要采用严格的转运标准和操作规范，确保垃圾转运的安全和卫生。

（扫描二维码查看《湖南省农村生活垃圾治理技术导则（试行）》全文）

**知识链接**

《湖南省农村生活垃圾治理技术导则（试行）》中第2节对村庄生活垃圾治理模式的详细流程做了规定。

农村生活垃圾治理模式分为"城乡一体化治理模式""乡镇集中治理模式"和"偏远村庄分散治理模式"，各村镇应根据当地交通条件、经济能力以及环境要求进行选择：

（1）鼓励按照"统一规划、合理布局、设施共建、服务共享"的原则，在条件成熟地区可突破现有行政区域限制，建立跨村域、跨镇域、跨县域的垃圾治理体系，优化配置农村生活垃圾收运及处理资源，减少运行成本。

（2）各县（市、区）应根据当地生活垃圾无害化处理设施布局和规模，在完善村、镇垃圾转运系统后，优先采用"城乡一体化治理模式"或"乡镇集中治理模式"。

### 6.3.2　村庄生活污水治理策略

#### 1.村庄生活污水收集

（1）村庄户内污水收集系统

村庄户内污水收集系统指的是农户厕所、厨房、洗浴等排水收集管道及预处理设施。具体包括：排水收集管道、预处理设施。

排水收集管道包括：收集口、排水管。

预处理设施包括：化粪池、隔油池、洗涤废水收集系统等，见表6-7。其中化粪池仅接收户厕便器污水，不能接收其他废水（厨房、洗涤、洗浴等）。

村庄户内污水预处理设施　　　　　　　　　　　　表6-7

| 预处理设施 | 特点描述 |
| --- | --- |
| 化粪池 | 户厕污水通过化粪池后，可降低病原微生物数量，并去除大部分悬浮物和部分有机物。化粪池池底沉积的污泥需定期清掏，可作为有机肥。化粪池可单户配用，也可多户共用，不同有效容积对应服务人数 |
| 隔油池 | 厨房废水中含有较多的杂物（菜叶、米饭粒等）和油脂，易堵塞排污管道。尤其是油脂，易附着在排污管道内壁，难以清理，在气温较低的冬季，油脂易凝固，造成管道堵塞。因此为防止管道堵塞，提供餐饮服务的农户厨房废水收集时，必须按要求设置隔油池；一般农户厨房废水，推荐设置小型隔油池 |
| 洗涤废水收集系统 | 洗涤废水一般水质相对较好、无悬浮物，可直接接入接户管 |

（2）村庄生活污水收集模式

村庄生活污水收集模式具体包括纳管式收集模式、集中式收集模式、分散式收集模式、庭院式排水收集模式、分散式多户连片排水收集模式，见表6–8。

2. 村庄生活污水输送

（1）村庄生活污水管布局要求

村庄生活污水管网主要包括按照规划选择合理方案、确定排水区域和体制、利用地形采用重力流、协调好与其他工程的关系、考虑施工运行维护的方便性、结合近远期需求留有余地六个方面：

一是按照规划，结合当地实际情况布置，进行多方案技术经济比较。这是为了选择最合理的管网布置方案，满足排水需求，同时考虑工程造价、运行费用、环境影响等因素。

二是先确定排水区域和排水体制，然后布置排水管网，按照从干管到支管的顺序布置。这是为了根据不同的排水区域和排水方式，确定管网的规模、形式和连接方式，以及管道的直径、坡度和流量等参数。

三是充分利用地形，采用重力流排除污水和雨水，并使管线最短和埋深最小。这是为了减少管网的工程量和运行费用，提高排水效率和安全性，避免使用泵站等设备。

四是协调好与其他管道、电缆和道路等工程的关系。这是为了避免或减少管网与其他工程之间的冲突和影响，保证各工程的正常施工和运行。

五是规划时要考虑使管渠的施工、运行和维护方便。这是为了保证管

村庄生活污水收集模式                                                              表6–8

| 收集模式 | 适用对象 | 适用条件 |
| --- | --- | --- |
| 纳管式收集模式 | 对于城市近郊区等有基础、有条件的县市区周边和邻近城镇污水管网的规划村庄，优先考虑纳管式处理模式 | 村内有市政污水管道直接穿过；区域生活污水可以依靠重力流直接流入市政污水管道；距污水处理厂2km范围内的村庄 |
| 集中式收集模式 | 相对集中居住的单个自然村或相邻几个自然村的生活污水宜统一收集，集中处理达标排放 | 污水收集应符合《村庄整治技术标准》GB/T 50445—2019和《镇（乡）村排水工程技术规程》CJJ 124—2008等相关规定要求 |
| 分散式收集模式 | 适用于偏僻的单户或相邻几户农户的生活污水收集 | 污水量不大于5t/日；通常服务人口在50人以内，服务家庭数在10户以内或根据农户地理地形位置在10户以上的一定范围内；污水的收集应符合《村庄整治技术标准》GB/T 50445—2019和《镇（乡）村排水工程技术规程》CJJ 124—2008等相关规定要求 |
| 庭院式排水收集模式 | 适用于偏僻的单户或相邻几户农户的生活污水收集 | 一般污水量不大于0.5t/日；服务人口5人以下，服务家庭户数1户；如为"农家乐"经营户，则必须设置隔油池 |
| 分散式多户连片排水收集模式 | 多户连片的农户，在庭院污水收集的基础上，可根据村镇庭院的空间分布情况和地势坡度条件，将各户的污水用管道或沟渠成片收集 | 一般污水量不大于5t/日；服务人口通常宜在5~50人，服务家庭数宜在2~10户或根据农户地理地形位置在10户以上的一定范围内；如涉及"农家乐"经营户，则必须设置隔油池 |

网的质量和寿命，减少故障和维修次数，提高管理效率。

六是近远期结合，留有发展余地，考虑分期实施的可能性。这是为了适应排水需求的变化和发展，预留一定的扩容和改造空间，同时考虑工程的可行性和经济性。

（2）村庄生活污水管类型

村庄生活污水管包括接户管，污水支、干管。

接户管：接户管是指农户户内的便器污水、厨房废水、洗涤废水接至污水支、干管的污水管道。接户管推荐使用 PE 管，也可用 PVC 管；厨房接户管管径应不小于 $DN50$，化粪池出水口管径应不小于 $DN100$；接户管管顶覆土深度不宜小于 30cm，为防冻裂，接户管埋设深度可不高于土壤冰冻线以上 50cm，也可根据当地经验浅埋。

污水支、干管：污水支、干管是将多个农户生活污水汇集后输送至终端处理设施的管道。污水支管管径宜为 $DN200$，干管管径宜为 $DN200\sim DN300$。管顶最小覆土深度宜为：人行道下 60cm，车行道下 70cm。不能满足覆土要求时须采取管道加强措施（加设防护套管或混凝土包封）。为防冻裂，管道宜埋设在冰冻线以下，也可根据该地区经验确定浅埋高度。

### 3. 村庄生活污水处理模式

（1）村庄生活污水处理常用方法

村庄生活污水处理常用方法一般包括：一体化污水处理设备处理、沼气池处理、土地渗滤处理、人工湿地处理系统处理等方法，见表 6-9。

村庄生活污水处理常用方法　　　　　　　　　　　　　　　　　　　表 6-9

| 处理方法 | 描述 | 特点 |
| --- | --- | --- |
| 一体化污水处理设备处理生活污水 | 一体化污水处理设备采用碳钢或者玻璃钢材质制作，易于运输、方便安装 | 节省占地面积，玻璃钢一体化污水处理设备可以全埋、半埋于地下，也可放置地面；污水处理设备出水无污染、无异味，减少二次污染；污水处理设备机动灵活，可单个使用，也可组合使用；污水运行安全可靠，无需专人管理。污水处理设备后期运行成本低 |
| 沼气池处理生活污水 | 在村庄生活污水处理的过程当中，沼气池处理是比较常见的一种方式 | 不仅能够有效地处理生活污水，还能够做到废物利用，通过沼气池厌氧发酵能够生成大量的甲烷，这些甲烷可以用来做饭，也可以用来照明。经过沼气处理的生活污水，还能够在其他的方面获得更好的作用，比如可以用来浇地，也可以用来浇花，沼气池当中的各种沉淀物还能够作为肥料用在农业耕作方面 |
| 土地渗滤处理生活污水 | 这种处理方法是将生活污水直接排放到土壤中，因为生活污水当中的污染物含量并不是特别高，土壤有一定的自我恢复能力，只需要将污水排到土地当中就可以了 | 这种方法在处理污水的时候非常简单，非常适合小型村落使用 |
| 人工湿地处理系统处理生活污水 | 在生态环境当中，湿地环境的生态功能最为强大，它们有非常突出的自我修复能力，因此能够对各种各样的污染物进行净化 | 应用广泛、建造简单 |

（2）村庄生活污水尾水排放

经过终端处理设施处理后，尾水即为经过无害化处理的村庄生活污水。尾水可以根据不同的需求和条件，选择不同的排放或回用方式。

一种方式是直接排入周围自然水体，如河流、湖泊、沟渠等。这种方式要求尾水达到国家或地方规定的排放标准，不会对受纳水体造成二次污染。根据不同的地区和水体类型，排放标准有所差异，一般包括 pH 值、悬浮物、化学需氧量、氨氮、总磷、总氮等指标。直接排入自然水体的尾水可以补充水资源，改善水环境，促进生态平衡。

另一种方式是通过管道、农田灌溉渠等设施回灌农田，作为农业用水。这种方式要求尾水达到国家或地方规定的农业用水标准，不会对农作物和土壤造成危害。根据不同的作物类型和灌溉方式，农业用水标准有所差异，一般包括 pH 值、悬浮物、电导率、总溶解固体、硬度、钙镁比、氯离子、硫酸盐、钠吸收比、重金属、病原体等指标。通过管道、农田灌溉渠等设施回灌农田的尾水可以节约常规水资源，提高农业生产效率，增加农民收入。

还有一种方式是作为景观绿化等中水水源回用，如用于公园、广场、道路等场所的喷泉、湖泊、瀑布等景观设施或绿化灌溉等用途。这种方式要求尾水达到国家或地方规定的中水用水标准，不会对人体和环境造成危害。根据不同的回用场景和方式，中水用水标准有所差异，一般包括 pH 值、悬浮物、色度、浊度、电导率、总溶解固体、硬度、钙镁比、氯离子、硫酸盐、钠吸收比、重金属、病原体等指标。作为景观绿化等中水水源回用的尾水可以美化城乡环境，提高人民生活质量，增强城市韧性。

### 6.3.3 厕所提质改造策略

#### 1. 村庄公厕建设引导

（1）选址要求

公共厕所规划选址要求主要是为了保证厕所的使用效果和安全性，以及减少厕所对环境和人们生活的负面影响。因此，在选址时，应综合考虑自然条件、社会条件、技术条件、经济条件等多方面的因素，选择合适的地点和方向。具体来说：

公共厕所的选址应避免选择低洼地带、河岸边缘、山坡下方等容易积存雨水的地段，以防止厕所被淹没或冲毁，影响使用和安全。同时，应避免选择有断层、滑坡、泥石流等地质危险的地段，以防止厕所发生倒塌或移位，造成人员伤亡或设施损坏。

公共厕所的选址应考虑其服务对象和使用频率，尽量建在村庄地区的公共场所附近以及人口较集中的区域，以方便居民和游客的出入和使用。例如，可以建在村委会、学校、医院、商店、集市、公园、景点等公共场所的附近，或者建在村庄的主干道、交通枢纽、居民聚集点等人口较集中的区域。

公共厕所的选址应保证其与集中式给水点和地下取水构筑物等的距离大于 30m，以防止厕所产生的污水渗入地下水源，造成水质污染和水源破坏。集中式给水点是指为村庄提供自来水或井水等供水服务的设施，如水塔、水井、水泵站等。地下取水构筑物是指为个人或小型用水单位提供地下水取用服务的设施，如钻井、挖井、抽水机等。

公共厕所的选址应考虑其对周围环境的影响，尽量建在所服务区域的常年主导风向的下风向处，以减少厕所产生的臭气对上风向居民和场所的干扰和不适。常年主导风向是指某一地区一年中最常见和最强劲的风向，可以通过观察当地气象数据或询问当地居民得知。下风向是指与风向相反的方向，即风从上风向吹向下风向。

（2）设置要求

可根据所在区域的经济发展水平、特点和人流量，规划设置一类、二类、三类村庄公厕，见表 6-10。

（3）村庄公厕数量

可根据需要按服务人口或服务半径设置。按服务人口设置，有户厕区域宜为 500 人／座~1000 人／座，无户厕区域宜为 50 人／座~100 人／座；按服务半径设置宜为 500m／座~1000m／座。

（4）村庄公共厕所选型引导

村庄公共厕所建筑风格、建筑类型等方面选型引导要求如下：

应根据当地的地域特色、民俗风情、历史文化等因素，选择符合当地特色和审美的建筑风格，如仿古风格、民居风格、现代风格等；

应考虑厕所的使用功能和空间需求，选择合理的建筑类型和布局，如单体式、连体式、分散式、集中式等；

应考虑厕所的使用人群和使用习惯，选择适宜的建筑规模和设施配置，如男女厕位比例、无障碍设施、洗手设施、垃圾桶等；

应考虑厕所的环境适应性和节能性，选择能够利用自然光照、自然通风、自然排水等方式，降低能耗和污染的建筑类型和技术措施，如屋顶窗、通风口、雨水收集系统等。

（扫描二维码查看《农村厕所建设与管理规范　第2部分：公共厕所》DB43/T 2755.2—2023全文）

知识链接

农村公厕类别及设置　　　　　　　　表6-10

| 序号 | 项目 | 类别及要求 | | |
|---|---|---|---|---|
| | | 一类 | 二类 | 三类 |
| 1 | 平面布置 | 大便间、小便间与洗手间应分区设置 | 大便间、小便间与洗手间应分区设置；洗手间男女可共用 | 大便间、小便间与洗手间应分区设置；洗手间男女可共用 |
| 2 | 管理间/m² | ＞6 | 4~6 | ＜4；视条件设置 |
| 3 | 第三卫生间 | 有 | 视条件设置 | 视条件设置 |
| 4 | 工具间/m² | 2 | 1~2 | 1~2；视条件设置 |
| 5 | 厕位建筑指标/（m²/位） | 5~7 | 3~4.9 | 2~2.9 |
| 6 | 照度/lx | ≥150 | ≥100 | ≥100 |
| 7 | 坐（蹲）便器 | 普通坐（蹲）便器，洗净式坐便器视条件设置 | 普通坐（蹲）便器 | 普通坐（蹲）便器 |
| 8 | 小便器 | 半挂或落地 | 半挂或落地 | 半挂、落地或小便槽 |
| 9 | 便器冲水设置 | 感应式或脚踏式 | 感应式或脚踏式 | 感应式、脚踏式、水箱式 |
| 10 | 无障碍厕位或无障碍专用厕所间 | 有 | 有 | 视条件设置 |
| 11 | 蹲、坐扶手 | 有 | 有 | 视条件设置 |
| 12 | 洗手盆 | 有 | 有 | 视条件设置 |
| 13 | 除臭设备 | 有 | 有 | 视条件设置 |

注：本表中所指的除臭设备是指具有对农村公厕臭味有处理效果并形成合理气流组织的通风设备或系统。

该表源自《农村厕所建设与管理规范　第2部分：公共厕所》DB43/T 2755.2—2023。

2. 村庄户厕建设引导

村庄户厕建造主要推荐三格化粪池厕所、上下水道水冲式厕所、三联沼气池厕所、双瓮漏斗式厕所4种模式。在一般村庄地区，采用三格化粪池厕所改造；村庄社区或重点饮用水源地保护区内的村庄，全面采用上下水道水冲式厕所，建立管网集中收集处置系统，实现达标排放；在沼气池比较普及的村庄地区，采用三联沼气池厕所；在地下水位较深、水资源缺乏地区选择一体式双瓮漏斗式厕所。

（1）三格化粪池厕所

三格化粪池厕所是将粪便的收集、无害化处理在同一流程中进行。由厕屋、便器、冲水设备和三个密闭的化粪池等部分组成。三个化粪池分为

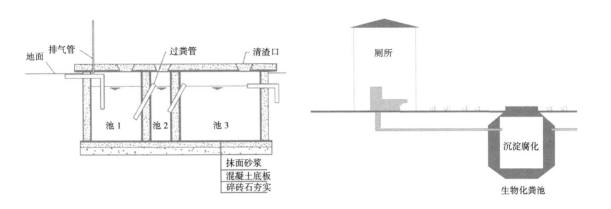

第一、二、三池，在其隔壁墙上设置过粪管使各池连通，其效果取决于尽量不让鲜粪及粪渣进入第二、三池，见图6-10。

三格化粪池厕所的优点是结构简单、造价低廉、设计合理、施工方便、坚固耐用。

（2）上下水道水冲式厕所

上下水道水冲式厕所适用于村庄社区或水源保护地，农户厕所所产生的污粪，通过大便器或马桶，经过下水管汇入社区污水干管，汇入污水处理厂或集中式污水处理设施，经处理达标后排放，见图6-11。

（3）三联沼气池厕所

三联沼气池厕所适用于污粪较多的农户，如村庄养殖户。把水压式沼气池和牲畜圈、厕所相连，建成三联沼气池厕所。村庄家用沼气池厕所的沼气池以水压式沼气池为基本结构，采用自然温度发酵，具有小型、高效、成本低的特点，见图6-12。

（4）双瓮漏斗式厕所

此类厕所适用于干旱地区村庄，且住户较为分散、水源有限的地区。由厕屋、漏斗型便器、瓮形贮粪池、排气管等组成，局部见图6-13。

图6-10 三格化粪池厕所（左）
图6-11 上下水道水冲式厕所（右）

图6-12 三联沼气池厕所（左）
图6-13 双瓮漏斗式厕所（右）

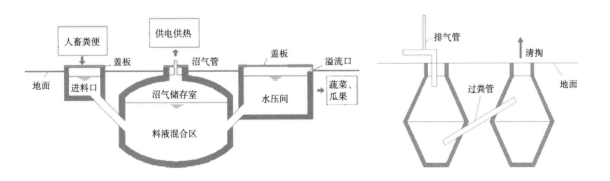

### 知识链接

农村户厕建设要求详见《农村卫生厕所建设技术手册》第5节。

**（一）三格式厕所**

1.化粪池建造基本要求。

（1）化粪池容积21.5m³，深度≥1200mm。在北方寒冷地区要增加化粪池埋深或地上添加覆盖保温层，确保池内储存的粪液不会冻结。

（2）三格化粪池建造可采用砖混砌筑、混凝土捣制，或选用预制型产品。

2.便器安装。

（1）可安装在第一池上方，也可通过进粪管穿墙到室外通入第一池。

（2）北方地区独立式厕所的便器须安装在第一池上方，进粪管垂直设置，避免粪尿冬季冻结于进粪管和便器之中。

**（二）双瓮式厕所**

1.瓮形化粪池建造基本要求。

（1）每个瓮形化粪池的容积≥0.5m³，双瓮深度≥1500mm。在北方地区应考虑采取防冻保温措施，如适当增加埋深，瓮体加脖增高等。

（2）施工时瓮底必须夯实，防止瓮体相对倾斜或下沉损坏过粪管。

（3）瓮形化粪池可选用预制型产品。

2.便器安装。

（1）可直接安装于前瓮上方，或通过进粪管穿墙到室外通入前瓮。

（2）北方地区独立式厕所的便器必须安装前瓮上方进粪管垂直设置，避免粪尿冬季冻结于进粪管和便器之中。

……

**（五）水冲式厕所**

1.接入完整下水道系统前端式水冲式户厕，农户住宅的粪便和生活污水通过化粪井，接入后端的市政排污管网，统一排入城市污水处理系统。

2.接入小型粪污集中处理系统前端式水冲式厕所，农户住宅的粪便和生活污水通过化粪井（池）接入后端的村污水管道，集中排入小型粪污集中处理系统。

## 任务 6.4 村庄环卫设施治理方案

以村民的诉求为中心，根据村庄环卫设施治理策略制订适合村庄的环卫设施治理方案。本任务包括制订村庄垃圾设施治理方案、村庄生活污水处理设施布局方案、村庄户厕提质改造方案，最后完成村庄环卫设施治理方案成果表达。

### 6.4.1 村庄生活垃圾设施治理方案制订

#### 1. 村庄生活垃圾设施布置规模与要求

村庄生活垃圾设施布置规模与要求是指根据村庄生活垃圾的特点和处理目标，合理确定村庄生活垃圾分类、收集、运输和处理或资源化利用设施的类型、数量和规模，以及相应的技术标准和管理措施，见表6-11。

村庄生活垃圾设施 表6-11

| 收集设施 | 服务区域 | 参考布置方式 | 备注 |
|---|---|---|---|
| 家庭垃圾桶 | 所有村庄居民 | 每户居民家庭垃圾桶个数应与当地垃圾分类种类相对应 | 居民自行购置 |
| 公共场所垃圾箱 | 集市、活动广场、停车场等公共区域 | 300~500m² 设置一处 | 50~200L |
| | 集镇街道 | 50~300m 道路两侧分别设置一处 | 50~200L |
| 垃圾投放点 | 散居居民 | 5 户设置一处 | 120L |
| | 居住小区 | 栋楼的单元入口设置一处 | 120L 或 240L |
| | 沿街商铺 | 10 户设置一处 | 120L |
| 垃圾收集点 | 村庄 | 100 户设置一处，一个村庄至少设置一处 | — |
| | 集镇 | 100~150 户设置一处 | |
| 垃圾收集车 | 村庄 | 100 户配备一辆，一个村庄至少配备一辆 | 人力车或机动车，交通条件差时优先采用机动车 |
| | 集镇 | 100~150 户配备一辆 | |
| 垃圾清扫工具 | — | 每辆垃圾收集车配备一套 | 扫把、铲子、手套等 |

#### 2. 村庄生活垃圾收运系统人员配置要求

（1）收集系统保洁员

村镇应配置保洁人员负责当地的生活垃圾收集及公共区域的环境卫生，一名保洁员一般可服务 100~150 户居民，一个村庄至少配备一名保洁员，见表6-12。

收集系统保洁员配置　　　　　　　　　　　表 6-12

| 地区 | 村庄人口规模（万人） | 保洁员（人） |
|---|---|---|
| 村庄 | ≤ 0.1 | 1~2 |
| | 0.1~0.2 | 2~4 |
| | 0.2~1.0 | 根据实际情况每 100~150 户配备一名保洁员 |

（2）转运站劳动定员

转运站劳动定员应遵循定岗定量原则，根据项目工艺特点、技术水平、操作要求、当地社会化服务水平和运营管理要求，合理确定，见表 6-13。

转运站劳动定员　　　　　　　　　　　表 6-13

| 转运站规模 | 管理人员（人） | 司机（人） |
|---|---|---|
| 10t/日 | 1~2 | 1 |
| 30t/日 | 2 | 2 |

（扫描二维码查看
"垃圾分类处理"虚拟动画）

### 6.4.2　村庄生活污水处理设施治理方案制订

村庄生活污水处理设施布局应综合考虑以下各项要点，以确保设施的合理布局，实现高效、环保的污水处理。

1. 选择远离居民区和饮用水源的场地

选择远离居民区和饮用水源的场地是至关重要的，应该避免污水处理设施对居民区和饮用水源造成污染。因此，在选择建设场地时，应确保距离村民居住地和饮用水源至少 1 公里以上。具体的距离应根据当地的污水排放情况和地形地貌来确定。

2. 考虑当地的土壤、水文条件和地形地貌

考虑当地的土壤、水文条件和地形地貌对设施建设和运行的影响。土壤应具有良好的渗透性和抗冲击性，以便于污水的渗透和处理。适宜的水文条件可以减少污水处理的成本和难度。平坦的地形地貌有利于设施的建设和运行。因此，在选址时，需要全面考虑这些因素，以确保设施的运行效果和稳定性。

3. 考虑设施的可达性和交通便利性

村庄生活污水处理设施的可达性和交通便利性对设施的建设、运行和维护至关重要。选择交通便利的地区建设设施可以减少成本并有助于设施的维护。同时，设施运输的便利性也需要考虑，选择靠近主要道路和交通枢纽的地区有助于降低运输成本和时间，提高设施的效率。

4. 考虑未来的发展和扩建需求

村庄生活污水处理设施的选址应考虑到村庄未来的发展和污水排放量的增加。需要预留足够的土地空间，以便设施未来的扩建和更新。同时，

应避免选址在地震、洪涝等灾害易发地区，以确保设施的安全和稳定运行。

**5. 与当地的污水排放源接近**

与当地污水排放源较近的建设地点具有优势。距离污水源较近可以降低污水输送的距离和输送管道的长度，从而降低运输成本，提高设施的经济性和效率。在选择建设地点时，需要注意与污染源的安全距离，以避免对周边环境和居民造成危害。

**6. 考虑设施的环保性**

村庄生活污水处理设施的建设应避免对环境造成不良影响，应选择距离敏感区域较远的地区建设设施，敏感区域如自然保护区、生态湿地、森林公园、生态红线等。如果设施建设在敏感区域附近，可能对该区域的自然生态环境造成污染和破坏，并影响生物多样性和生态平衡。同时，还可能对当地村民的健康造成威胁。

### 6.4.3 村庄厕所设施治理方案制订

#### 1. 村庄公共厕所设计引导

设计原则：应以人为本，遵循适用、卫生、文明、方便、安全、节水、环保的原则；应因地制宜，宜水则水、宜旱则旱；应结合村镇规划，突出乡村地域特色，符合村庄风土人情。

室外设计：建筑造型、立面选材、色彩设计等应与周边环境相协调；室外建筑材料宜选择坚固耐用，且富有地域特色的材料。

室内设计：村庄公厕内应进行功能分区，卫生洁具及其使用空间应合理布置，最大限度增加厕位；应根据服务人口实际需求，合理设置每座村庄公厕厕位，确定男女厕位的比例、坐（蹲）位数以及男厕站位数。男女厕位比宜为 1∶1.5 或 1∶2；村庄公厕内墙壁应采用明亮、光滑、便于清洗的材料，地面应采用防渗、防滑的材料；男女厕间门入口处应设视线屏蔽；厕位之间应设置隔板和厕间门，独立小便器站位应设隔板，门及隔板材料应采用防潮、防滑、防火材料；应在明显位置公示监督投诉电话、服务规范、当班保洁人员姓名；应在明显位置设置文明如厕提醒牌。

设计参数：厕所和浴室隔间的平面尺寸不应小于表 6-14 规定。

各卫生隔间的基本尺寸 表 6-14

| 类别 | 平面尺寸（宽度m × 深度m） |
| --- | --- |
| 外开门厕所隔间 | 0.90×1.20 |
| 内开门厕所隔间 | 0.90×1.40 |
| 医院患者专用厕所隔间 | 1.10×1.40 |
| 无障碍厕所隔间 | 1.40×1.80（改建用 1.00×2.00） |

续表

| 类别 | 平面尺寸（宽度m × 深度m） |
|---|---|
| 外开门淋浴隔间 | 1.00×1.20 |
| 内设更衣凳的淋浴隔间 | 1.00×（1.00+0.60） |
| 无障碍专用浴室隔间 | 盆浴（门扇向外开启）2.00×2.25<br>淋浴（门扇向外开启）1.50×2.35 |

### 2. 村庄户厕设计引导

设计原则：应以人为本，以"水冲厕＋三格化粪池＋资源化利用"方式为设计原则。改造和建设后的户厕应实现：达到卫生厕所要求。有墙有顶，厕坑使用便器、避免粪便裸露，厕内清洁、无蝇蛆，基本无臭。实现粪污无害化处理。有条件的尽量做到户厕入室。

户厕类型：包括兼用型（集中型）、独立型，见表6-15。

户厕类型 表6-15

| 类型 | 描述 | 优点 | 缺点 |
|---|---|---|---|
| 兼用型（集中型） | 把浴盆、洗脸池、便器等洁具集中在一个空间中，称之为兼用型 | 节省空间、经济、管线布置简单等 | 一个人占用卫生间时，影响其他人的使用；此外，面积较小时，贮藏等空间很难设置，不适合人口多的家庭。兼用型中一般不适合放洗衣机，因为入浴等湿气会影响洗衣机的寿命 |
| 独立型 | 浴室、厕所、洗脸间等各自独立的卫生间，称之为独立型 | 各室可以同时使用，特别是在高峰期可以减少互相干扰，各室功能明确，使用起来方便、舒适。洗衣机一般会考虑放置在此类空间内 | 空间面积占用多，建造成本高 |

设计参数：户厕面积参照表6-16中标准和规范，户厕平面布置参照表6-17。

户厕面积 表6-16

| 规范 | 内容 |
|---|---|
| 《住宅设计规范》GB 50096—2011 | （1）每套住宅应设卫生间，应至少配置便器、洗浴器、洗面器三件卫生设备或为其预留设置位置及条件。三件卫生设备集中配置的卫生间的使用面积不应小于2.50m²；<br>（2）卫生间可根据使用功能要求组合不同的设备。不同组合的空间使用面积应符合下列规定：<br>设便器、洗面器时不应小于1.80m²；<br>设便器、洗浴器时不应小于2.00m²；<br>设洗面器、洗浴器时不应小于2.00m²；<br>设洗面器、洗衣机时不应小于1.80m²；<br>单设便器时不应小于1.10m² |
| 《健康住宅评价标准》T/CECS 462—2017 | 主卫生间：最低6m²，一般7m²，推荐8m²；<br>次卫生间：最低3m²，一般4m²，推荐5m² |

户厕平面布置　　　　　　　　　　　　　　　　　　　　　　　　表 6-17

| 户厕平面布置图 | 说明 |
|---|---|
| 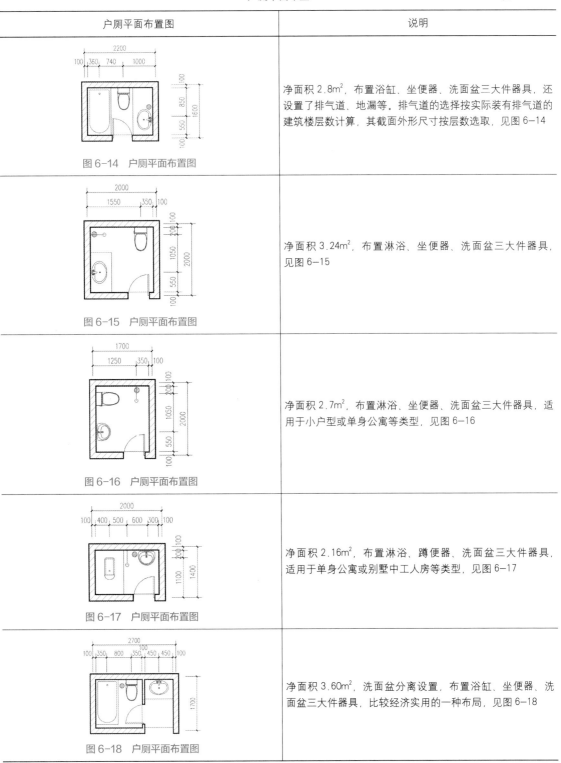 图 6-14　户厕平面布置图 | 净面积 2.8m², 布置浴缸、坐便器、洗面盆三大件器具，还设置了排气道、地漏等。排气道的选择按实际装有排气道的建筑楼层数计算，其截面外形尺寸按层数选取，见图 6-14 |
| 图 6-15　户厕平面布置图 | 净面积 3.24m², 布置淋浴、坐便器、洗面盆三大件器具，见图 6-15 |
| 图 6-16　户厕平面布置图 | 净面积 2.7m², 布置淋浴、坐便器、洗面盆三大件器具，适用于小户型或单身公寓等类型，见图 6-16 |
| 图 6-17　户厕平面布置图 | 净面积 2.16m², 布置淋浴、蹲便器、洗面盆三大件器具，适用于单身公寓或别墅中工人房等类型，见图 6-17 |
| 图 6-18　户厕平面布置图 | 净面积 3.60m², 洗面盆分离设置，布置浴缸、坐便器、洗面盆三大件器具，比较经济实用的一种布局，见图 6-18 |

续表

| 户厕平面布置图 | 说明 |
|---|---|
| 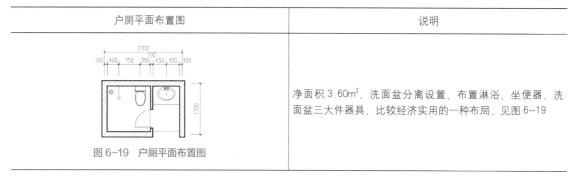  图6-19 户厕平面布置图 | 净面积3.60m²，洗面盆分离设置，布置淋浴、坐便器、洗面盆三大件器具，比较经济实用的一种布局，见图6-19 |

### 6.4.4 村庄环卫设施治理方案成果表达

1. 村庄生活垃圾设施布点图的表达

村庄生活垃圾设施布点图表达主要包含村庄生活垃圾设施布点，村庄生活垃圾现状情况分析、现状垃圾处理情况，村庄生活垃圾治理策略、设施、人员配置表，垃圾处理示意图等内容，要求图文并茂，清晰易读，见图6-20。其具体绘制要点有：

图6-20 村庄生活垃圾设施布点图

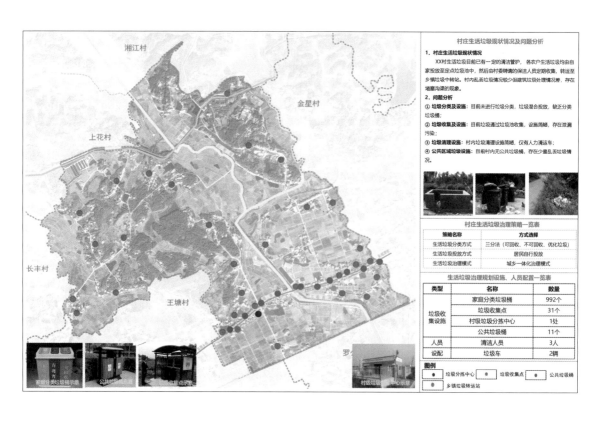

（1）村庄生活垃圾设施布点

村域图上，按照一定的原则和方法，合理地布置各类垃圾设施的位置，并标注其名称和编号。

（2）村庄生活垃圾现状情况分析、现状垃圾处理情况

调查村庄的垃圾产生量、种类、投放方式、收集方式、处理方式等情况，并用数据和文字来描述；需要拍摄一些能反映村庄垃圾现状的照片，比如垃圾堆积、乱扔乱倒、分类投放等场景，并在表达中加以说明。从垃圾分类、收集、运输、处理等方面，找出该村在生活垃圾管理上的不足之处，并分析其原因和影响，提出改进的建议或措施，以提高该村的生活垃圾管理水平。

（3）村庄生活垃圾治理策略、设施、人员配置表

根据国家或地方的相关规定，选择适合该村的生活垃圾分类方式，比如二分法、四分法等，并说明其标准和要求；根据村庄的实际情况，选择合理的垃圾投放方式，比如设置分类投放桶、箱等，并说明其位置和数量；根据所学知识，选择合适的生活垃圾治理模式。根据所布置的各类垃圾设施，统计其数量和规模；根据所选的治理模式，确定所需的人员配置，并填写《生活垃圾治理规划设施、人员配置一览表》。

（4）垃圾处理示意图

通过查找收集，选择适合该村的生活垃圾设施意向图。

**2. 村庄生活污水处理设施布局图的表达**

村庄生活污水处理设施布局图表达主要包含村庄生活污水设施布点、村庄生活污水现状情况分析、村庄生活污水治理策略、村庄生活污水设施示意图等内容，要求图文并茂，清晰易读，见图6-21。其具体绘制要点有：

（1）村庄生活污水设施布点

根据所学知识，在村域图上，按照确定的收集方式和处理方式，合理布局村庄各类生活污水设施。在布局时，要考虑各类设施之间的距离、方向、高差、坡度等因素，以保证污水的顺畅流动和有效处理。同时，要考虑设施与周围环境的协调性、美观性、安全性等因素，以减少对村庄风貌和居民生活的影响。在图上，用不同颜色或符号标注出支、干管和处理设施的位置、规模、形式等，并对其进行简要说明。

（2）村庄生活污水现状情况分析

根据调研结果，分析该村生活污水处理上存在的问题，如生活污水未经收集或处理直接排放到自然环境中，造成环境污染和资源浪费；或者生活污水收集不完全或处理不充分，导致处理效果不达标或运行成本过高；

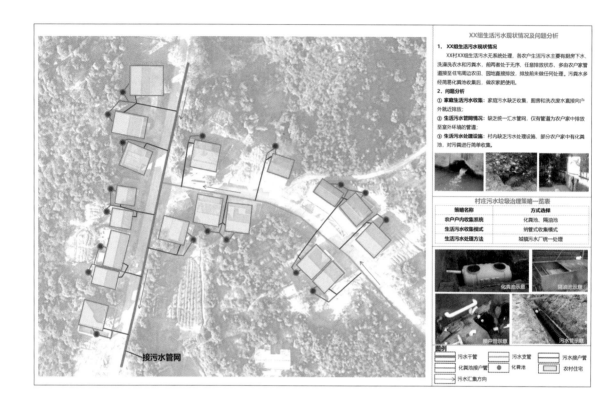

（扫描二维码查看
图6-21全彩图片）

图6-21 村庄生活污水处理设施布局图

或者生活污水处理后未能有效回用或排放，影响水资源利用和生态保护等。针对每个问题，给出具体的数据或事例支撑，并分析问题产生的原因和后果。

（3）村庄生活污水治理策略

根据课程所学知识，结合该村的实际情况，确定村庄生活污水的收集方式和处理方式。收集方式可以是单户式或集中式，根据农户庭院内外的户用污水收集系统和村污水收集系统的连接方式选择。处理方式可以是自然式或人工式，根据处理设施的类型、规模、工艺、效率等选择。对于每种方式，给出其优缺点、适用条件、技术要求等，并说明为什么选择该方式。可以选择用表格表达。

（4）村庄生活污水设施示意图

通过查找收集，从网上或书籍中找到几种适合该村的生活污水设施意向图。生活污水设施意向图在选择时，要考虑设施的类型、规模、工艺、效果等因素，以满足该村的垃圾处理需求和条件。同时，要考虑设施的成本、运行维护、环境影响等因素，以保证设施的可行性和可持续性。

3. 户厕平面布局方案图的表达

户厕平面布局方案图表达主要包含现状厕所与整治策略示意图、化粪

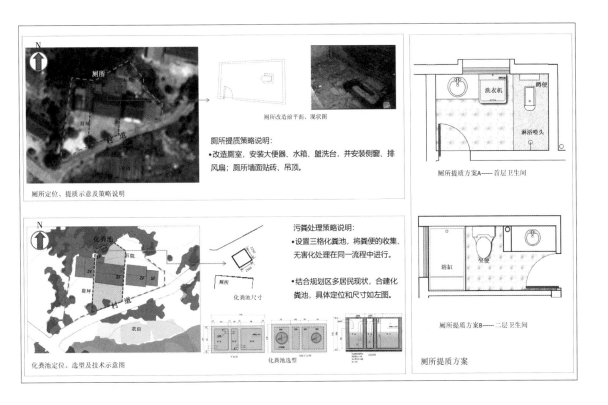

图6-22  户厕平面布局方案图

池定位与污粪处理示意图、厕所提质平面示意图、厕所整治效果示意图等内容，要求图文并茂，清晰易读，见图6-22。其具体绘制要点有：

（1）现状厕所与整治策略示意图

在地形图或卫星图上标注出户厕现状位置，绘制出现状户厕平面图，提出厕所提质策略说明，包括安装大便器、水箱、盥洗台等基本设施；安装侧窗、排风扇等通风设备；厕所墙面贴砖、吊顶等装饰材料策略。

（2）化粪池定位与污粪处理示意图

确定化粪池位置，用示意图表达化粪池的工作原理。提出污粪处理策略说明。

（3）厕所提质平面示意图

制订出一套户厕布局平面方案，确定大便器、水箱、盥洗台等设施的位置和尺寸，以及门窗、通风口等开口的位置和尺寸。

（4）厕所整治效果示意图

提供风格引导示意图，展示户厕的建筑风格和装饰风格，如色彩、材质、灯具等元素，以提高户厕的美观度和舒适度。

## 任务评价（表6-18）

项目六任务评价表
表6-18

| 评价内容 | | | 评价维度 | 评分细则 | 标准分（分） | | 自评 30% | 互评 30% | 师评 30% | 企业教师 10% |
|---|---|---|---|---|---|---|---|---|---|---|
| 过程评价 55% | 【1】村庄环卫设施调研内容 | 垃圾处理设施、污水处理设施、厕所设施、环境卫生情况、环保意识调研情况 | 素养 | 在实地调研时，能做到尊重村民、爱护环境 | 1 | 5 | | | | |
| | | | 知识 | 掌握村庄环卫设施的调研方法 | 2 | | | | | |
| | | | 技能 | 能根据需要调整、使用问卷星 | 2 | | | | | |
| | 【2】村庄环卫设施调研步骤和方法 | 调查目的；制订调查计划、调查方法；分析调研结果；编写调研报告 | 素养 | 实地调研中的安全意识与合作意识 | 1 | 5 | | | | |
| | | | 知识 | 掌握各类设施的用途和分类 | 2 | | | | | |
| | | | 技能 | 标记和记录各类设施现状位置和情况的方法 | 2 | | | | | |
| | 【3】村庄生活垃圾现状分析 | 调研村庄生活垃圾现状情况；分析生活垃圾收运处理存在的问题 | 素养 | 在设施分析时，注重细节，具备环保意识 | 1 | 5 | | | | |
| | | | 知识 | 掌握生活垃圾设施的分类与布局方法 | 2 | | | | | |
| | | | 技能 | 能根据生活垃圾设施现状情况，正确分析问题 | 2 | | | | | |
| | 【4】村庄生活污水现状分析 | 调研村庄生活污水现状情况；分析生活污水收集处理存在的问题 | 素养 | 在设施分析时，注重细节，具备环保意识 | 1 | 5 | | | | |
| | | | 知识 | 掌握生活污水设施的分类与布局方法 | 2 | | | | | |
| | | | 技能 | 能根据生活污水设施现状情况，正确分析问题 | 2 | | | | | |
| | 【5】村庄厕所现状分析 | 调研村庄公厕现状情况、实地测绘典型户厕平面；分析村庄户厕存在的问题 | 素养 | 在设施分析时，注重细节，具备环保意识 | 1 | 5 | | | | |
| | | | 知识 | 掌握厕所设计与布局的要点 | 2 | | | | | |
| | | | 技能 | 能测绘典型户厕平面，并绘出平面图 | 2 | | | | | |
| | 【6】拟定村庄生活垃圾分类与治理 | 拟定生活垃圾分类模式和投放方式；选取生活垃圾治理模式 | 素养 | 具有可持续发展和绿色环保意识 | 1 | 5 | | | | |
| | | | 知识 | 掌握垃圾分类、收运方式和治理模式分类 | 2 | | | | | |
| | | | 技能 | 能对村庄环卫设施制订策略 | 2 | | | | | |
| | 【7】拟定村庄生活污水收集与处理策略 | 拟定生活污水户收集和纳管形式；拟定生活污水治理模式；选取生活污水处理方法 | 素养 | 具有敬恭桑梓、提升村民幸福感的意识 | 1 | 5 | | | | |
| | | | 知识 | 掌握生活污水收集处理的策略方法 | 2 | | | | | |
| | | | 技能 | 能针对村庄生活污水收集处理拟定治理策略 | 2 | | | | | |
| | 【8】拟定村庄厕所布局引导策略 | 拟定村庄公厕选址和选型；拟定典型户厕布局模式；确定典型户厕改造要点 | 素养 | 具有创新性思维和环保意识 | 1 | 5 | | | | |
| | | | 知识 | 掌握村庄厕所整治的技术要点 | 2 | | | | | |
| | | | 技能 | 能够制订和表达村庄厕所布局和改造的策略 | 2 | | | | | |

续表

| 评价内容 | | | 评价维度 | 评分细则 | 标准分（分） | 自评 30% | 互评 30% | 师评 30% | 企业教师 10% |
|---|---|---|---|---|---|---|---|---|---|
| 过程评价 60% | 【9】确定村庄生活垃圾处理设置布局方案 | 计算各类垃圾收运处理设施的数量；计算保洁人员和工具、设备配置数量；确定公共垃圾桶和投放点、收运站的布点 | 素养 | 具备工程技术思维、素养和环保意识 | 1 | | | | |
| | | | 知识 | 掌握生活垃圾设施配置的相关知识 | 2 | 5 | | | |
| | | | 技能 | 能够布局和表达生活垃圾设施布局图 | 2 | | | | |
| | 【10】确定村庄生活污水处理设置布局方案 | 布局入户管和化粪池位置、走向；确定干管和支管的走向和组网 | 素养 | 具备工程技术思维、素养和环保意识 | 1 | | | | |
| | | | 知识 | 掌握生活污水设施配置的相关知识 | 2 | 5 | | | |
| | | | 技能 | 能够布局和表达生活污水设施布局图 | 2 | | | | |
| | 【11】确定村庄户厕提质改造方案 | 确定户厕改造要点；确定户厕平面布局改造方案；确定户厕改造风格引导 | 素养 | 具备工程技术思维、素养和环保意识 | 1 | | | | |
| | | | 知识 | 掌握厕所治理要点和选型引导要点 | 2 | 5 | | | |
| | | | 技能 | 能完成户厕平面优化和效果引导表达 | 2 | | | | |
| | 【12】绘制村庄环卫设施治理方案图 | 绘制生活垃圾布点图；绘制生活污水处理设施布局图；绘制某户农宅户厕平面布局方案图 | 素养 | 具备图示语言表达思维 | 1 | | | | |
| | | | 知识 | 了解各图纸表达深度要求 | 2 | 5 | | | |
| | | | 技能 | 能利用计算机规范表达各图纸 | 2 | | | | |
| 成果评价 40% | 村庄生活垃圾设施布点图 | | | 内容完整度：现状描述与问题分析，现状照片和引导示意图，设施布点和配置表 | 3 | | | | |
| | | | | 表达正确度：清晰表达出村庄生活垃圾的主要问题，分析图简洁易读、重点突出 | 4 | 10 | | | |
| | | | | 画面美观：布局均衡、色彩适宜 | 3 | | | | |
| | 村庄生活污水处理设施布局图 | | | 内容完整度：现状描述与问题分析，现状照片和引导示意图，设施布点和配置表 | 5 | | | | |
| | | | | 表达正确度：清晰表达出村庄生活污水的主要问题，分析图简洁易读、重点突出 | 5 | 15 | | | |
| | | | | 画面美观：布局均衡、色彩适宜 | 5 | | | | |
| | 农户户厕改造设计引导图 | | | 内容完整度：现状描述与问题分析，现状照片和引导示意图，设施布点和配置表 | 5 | | | | |
| | | | | 表达正确度：清晰表达出村庄厕所的主要问题，分析图简洁易读、重点突出 | 5 | 15 | | | |
| | | | | 画面美观：布局均衡、色彩适宜 | 5 | | | | |
| 合计 | | | | | 100 | | | | |
| 自我总结 | | 签名：　　　　日期： | | | | | | | |
| 教师点评 | | 签名：　　　　日期： | | | | | | | |

## 思考总结

### 1. 单项实训题

对给定某村庄某一户村民的户厕平面图（图6-23）进行分析，对应户厕平面布局改造技术要求，运用专业软件完成户厕平面设计及改造效果引导。

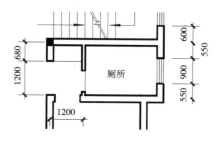

图6-23 户厕平面图

（1）平面设计要求：

① 《健康住宅评价标准》T/CECS 462—2017

主卫生间：最低 6m²，一般 7m²，推荐 8m²。

次卫生间：最低 3m²，一般 4m²，推荐 5m²。

② 《住宅设计规范》GB 50096—2011

设便器、洗面器时不应小于 1.80m²；

设便器、洗浴器时不应小于 2.00m²；

设洗面器、洗浴器时不应小于 2.00m²；

设洗面器、洗衣机时不应小于 1.80m²；

单设便器时不应小于 1.10m²。

③ 一般当只设一个卫生间时，合理面积是 3~5m²；设两个卫生间时，公用卫生间面积不宜小于 2m²；主卧卫生间宜在 3m² 之内。

④ 考虑无障碍设计，提升卫生间适老化需求。参考《无障碍设计》12J926 第 L8 页 A 型住房无障碍卫生间详图，见图6-24。

（2）某村庄某一户村民的户厕平面图：

见图6-23。（提供 CAD 电子文件）

（扫描二维码下载户厕平面图 CAD 文件）

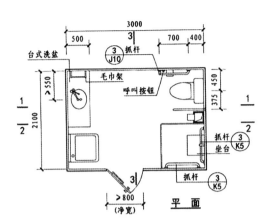

图 6-24　无障碍卫生间平面图

2. 复习思考题

你认为在村庄环卫设施治理中如何确保治理后各类设施的运行和治理效果的可持续性?

# 项目七

# 村庄水体环境保护

　　农村水系主要指位于农村地区的河流、湖泊、塘坝等水体组成的水网系统，承担着行洪、排涝、灌溉、供水、养殖等功能。与城市相比，农村与河流的关系更为紧密，很多村落滨水而居，农民直接取用河水或者傍河井水作为饮用水源，河水的涨落直接关系到农民的居住安全，河水水质直接关系到农民的饮水安全和灌溉用水安全，良好水系网络直接关系到农民生存和生活安全、农产品质量安全，直接关系到脱贫致富、乡村振兴战略的实现。因此村庄水体环境保护是村庄人居环境整治工作的重要内容之一。本项目由实地调研、现状分析、整治策略和整治方案4个任务组成，通过9个工作流程，小组合作完成村庄水体环境保护整治任务。在实践中，学习区分不同类型的水体环境，充分利用好本土、生态、可持续的材料，满足村民的用水需求，从水体环境污染、水体环境驳岸整治、水体环境功能整治等方面着手，打造一个干净且适于村庄发展的水体生态环境。

## 教学目标

### 素质目标

1.在田园调研中，树立爱国爱党、乡村振兴、服务乡村的"忠心"。

2.在调研水体环境时，树立尊重民心民意、热爱自然、热爱乡村的"爱心"。

3.在制订水体环境整治策略过程中，树立生态环保、资源节约、精益求精的"匠心"。

4.在研讨水体环境整治方案时，树立绿色发展、因势利导的"创心"。

### 知识目标

1.能阐述村庄水体环境现状实地调研的步骤、内容与方法。

2.能阐述村庄水体环境水体分类要点。

3.能归纳村庄水体环境整治策略。

4.能描述村庄水体环境整治的工作流程和成果表达要求。

### 能力目标

1.能全面调研、收集水体环境现状情况。

2.能准确进行村庄现状水体环境分类和特征总结，绘制村庄水体环境现状分析图。

3.能基于村庄现状整体条件，拟定水体环境整治策略，绘制村庄水体环境整治策略图。

4.能针对其中一种水体环境整治策略，绘制水体环境整治方案图。

## 案例导入（表 7-1）

项目七课程思政案例导读表 表 7-1

| 项<br>目<br>案<br>例 | | 图 7-1 改造前 | 整治前：<br>由于疏于管理和整治，乡村水体环境存在污染、驳岸不科学和功能不完善等系列问题，改造前实景见图 7-1 |
| --- | --- | --- | --- |
| | | 图 7-2 改造后 | 整治后：<br>改造后的水体通过水体环境整治、驳岸整治、增加功能等手段，改善了水体环境问题，提升了村庄人居环境品质，改造后实景见图 7-2 |
| | 整治故事 | 忠良村隶属于广西壮族自治区南宁市西乡塘区石埠街道，坐落于南宁市西部，主要种植水稻、蔬菜、瓜果、花卉等。<br>忠良村不断完善村庄规划建设布局，狠抓村庄改造提升工程，完成道路硬化 6.77km，安装路灯 140 盏；完成风貌改造房屋 222 栋，共 78882m²；景观绿化共种植乔灌木 21363 株；水质净化修复面积 6000m²；建成填埋式污水处理设施两套。现在忠良村已成为一个村道绿树成荫、荷塘水清鱼欢、民居错落有致、院落相映成趣、环境整洁优美的生态宜居新农村。<br>忠良村巧妙规避了村庄土地资源短缺的不利条件，充分利用村庄处于城市近郊的区位优势，先后获得了"全国休闲农业与乡村旅游示范点""2015 中国最美休闲乡村""中国最美宜居村庄""全国生态文化村"、广西"绿色村屯""全国文明村"等荣誉 | |
| 课<br>程<br>思<br>政 | 内容导引 | 水体环境保护 | |
| | 思政元素 | 乡村振兴、生态环境、绿色发展 | |
| | 问题思考 | 忠良村是如何在水体环境保护时坚持绿色发展，营建水清、岸绿、景美的水体 | |

## 任务准备

**1. 任务导入**

建议 3~5 人一组进行村庄水体环境现状调研，确定水体环境类型，分析水体环境现状问题，拟定水体环境整治策略，完成水体环境整治方案。水体环境整治要求结合水体环境现状，针对性提出整治策略，既考虑到环境的优美，又提高农村环境质量，更体现水景营造的意境美。

（1）设计内容

**现状调研与主要问题研析**：分组对任务对象进行现状拍照及数据采集：一是对村庄范围内水域进行调研并进行分类，标注不同水体的类型、位置、数量；二是选择某村民小组的其中一种水体类型进行水体环境空间的组成分析。

**村庄水体环境整治策略拟定**：对村庄范围内水体环境进行分析，根据水体整治原则，因地制宜地对其中一种水体分别从水体环境污染整治、驳岸整治、水体功能整治方面入手制订整治策略。

**村庄水体环境整治方案制订**：在水域整治策略基础上，小组合作制订整治方案，完成整治方案图与效果图表达。

图 7-3　项目七图件文件成果

（a）水体环境现状分析图一；

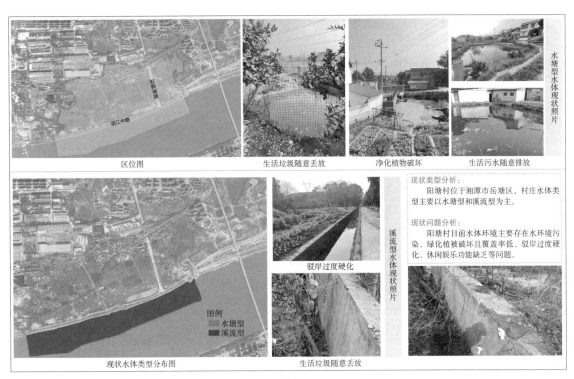

（a）

区位图　　　现状卫星图

**现状功能情况**

该水塘位于阳塘村周家组，水塘为生产生活空间，且水塘内种植了一些水生植物，造成水体环境一定污染。

生活空间：水体主要用于生产种植，以及提供村民洗衣、洗菜等日常生活用水。

观赏空间：没有观赏价值，水体上有垃圾少量漂浮。

水体形态：水体为自然形态。

**现状问题**

该水塘位于阳塘村周家组内，水塘周边大多种植蔬菜，并且用水塘水来灌溉，组内水塘并不能用来作观赏使用，水塘多为自然水塘，生活便利性差，缺乏维护。

1. 水体污染问题——组内污水随意排放，生活垃圾随意乱扔使其长期沉积导致水体污染严重。水面存在漂浮物及生活垃圾，水体污染严重。

2. 驳岸形式问题——组内驳岸多用来种植蔬菜或自然绿化，杂乱无打理，绿化植被遭破坏且覆盖率低，美感度低以及实用性不高，没有充分对其利用。

3. 功能缺失问题——组内水塘无特定功能：便民生活功能，缺乏日常生活浣洗场所，且无硬化，造成生活不便，危险性大；农业生产功能，水塘内无养殖等，可进行植物以及鱼类养殖来净化水体，使其自然净化且增加产业效益；休闲娱乐功能，组内无休闲娱乐用地，可结合水体进行休闲场所营造建设来提升村民的生活幸福指数与提高生活质量。

水塘型水体现状问题

垃圾随意丢放　　养殖粪便随意排放　　净化绿植破坏

水塘型水体现状照片

（b）

**整治策略：**

1. 污染问题整治：增加居民环境保护意识；污水清淤；增加生物种植。

2. 驳岸整治策略：增加绿化覆盖率；驳岸材料选用本土、生态、可持续材料；种植根系发达的水生植物，既美观又可防止水土流失；加固现有驳岸。

3. 功能整治策略：增加休闲娱乐功能；在滨水区域设置亲水平台、水上栈道、园林小品等。

**图例**

1. 休闲平台
2. 亲水平台
3. 景观汀步
4. 水生植物

（c）

图 7-3　项目七图件文件成果（续）
（b）水体环境现状分析图二；
（c）水体环境整治策略图

（2）设计成果，见图 7-3

水体环境现状分析图；

水体环境整治策略图。

## 2. 拟定工作计划（表7-2）

村庄水体环境保护工作计划表 表7-2

| | 工作步骤 | | 操作要点 | 知识链接 | | 分工安排 |
|---|---|---|---|---|---|---|
| 1 | 任务7.1 村庄水体环境实地调研 | 实地调研水体环境 | 1. 观察记录水体环境现状情况；<br>2. 分析水体环境现状污染情况、驳岸情况、功能情况等；<br>3. 整理水体环境照片、资料等 | | 微课：水体环境调研内容与方法 | |
| 2 | | 分析水体类型 | 1. 观察记录水体环境类型特点；<br>2. 现场实测尺寸数据；<br>3. 现场拍照 | | | |
| 3 | 任务7.2 村庄水体环境现状分析 | 分析水体环境问题 | 1. 分析水体环境现状问题；<br>2. 了解村民整治意愿 | | 微课：水体环境现状主要问题 | |
| 4 | | 绘制水体环境现状分析图 | 1. 绘制水体环境现状分析图；<br>2. 总结水体环境现状问题 | | 微课：水体环境现状分析及成果表达 | |
| 5 | 任务7.3 村庄水体环境整治策略 | 水体环境污染治理 | 1. 分析水体环境污染问题；<br>2. 提出水体环境污染整治策略 | | 微课：水体环境污染整治策略 | |
| 6 | | 水体环境驳岸整治 | 1. 分析水体环境驳岸问题；<br>2. 提出水体环境驳岸整治策略 | | 微课：驳岸整治策略 | |
| 7 | | 水体环境功能整治 | 1. 分析水体环境功能问题；<br>2. 提出水体环境功能整治策略 | | 微课：水体功能整治策略 | |
| 8 | 任务7.4 村庄水体环境整治方案 | 明确水体环境整治方案，绘制方案草图 | 1. 明确水体环境整治措施；<br>2. 研讨并确定一种类型水体整治策略 | | 微课：水体环境整治方案及成果表达 | |
| 9 | | 绘制水体环境整治方案图 | 1. 表达改造前实景照片及现状情况；<br>2. 表达改造后效果图及主要整治措施；<br>3. 绘制水体整治方案图纸 | | | |

## 任务实施

### 任务 7.1　村庄水体环境实地调研

　　自改革开放以来，我国农村工业化进程加快。大量的工业废物、生活废物、畜禽养殖排放废物等造成了农村生态环境的严重破坏。其中，水体污染在农村环境污染中显得尤为突出，水体污染不仅对粮食造成减产，而且直接威胁着广大农村地区农民的身体健康，制约了农村经济的发展。水体环境实地调研包括制订调研清单、实地走访调研、测量水体数据、水体环境分类、研判现状水体环境问题等，做好本次任务，为后续分类整治做好准备。

#### 7.1.1　水体环境现状实地调研

##### 1.厘清调研内容

　　为高效地完成现场调研任务，在赴现场之前，需要对调研内容进行梳理，并对应做好准备，制订好调研清单，见表 7-3。同时需要打印好村民小组的地形图或卫星图，见图 7-4、图 7-5，做好分组任务。实测水体环境尺寸、绘制测量草图。

图7-4　村域卫星图

图7-5　村域三维图

村庄水体环境保护实地调研清单　　　　　　　　　　　　　　　　　表7-3

| 村庄名称 | | 村民小组名称 | | 扫描二维码下载电子清单 |
|---|---|---|---|---|
| 调研时间 | | 指导老师（校、企） | | |
| 学　　校 | | 班　　级 | | |
| 项目小组 | 项目负责人 | 技术骨干 | | 技术员 |

**调研信息**

**村域水体基本情况：** 水塘 ＿＿＿ 口，溪流 ＿＿＿ 条，水渠 ＿＿＿ 条，湖泊（湿地）＿＿＿ 个，
村域水体其他情况 ＿＿＿＿＿＿＿＿＿＿＿＿＿＿＿＿＿＿＿＿＿＿＿＿＿＿＿

**小组水体基本情况：** 水塘 ＿＿＿ 口，溪流 ＿＿＿ 条，水渠 ＿＿＿ 条，湖泊（湿地）＿＿＿ 个，
小组水体其他情况 ＿＿＿＿＿＿＿＿＿＿＿＿＿＿＿＿＿＿＿＿＿＿＿＿＿＿＿

**水体环境污染情况：** 垃圾污染 □有 □没有；乡村养殖粪便 □有 □没有；乡村生活垃圾 □有 □没有
主要污染源 ＿＿＿＿＿＿＿＿；污染等级 □一般 □严重
污水污染 □有 □没有；乡村小企业废水排放 □有 □没有；河道溪流污染物沉积堵塞 □有 □没有
主要污染源 ＿＿＿＿＿＿＿＿；污染等级 □一般 □严重

**水体环境驳岸情况：** 绿化覆盖率问题 □有 □没有；是否满足需求 □是 □否
驳岸硬化情况 □有 □没有；是否满足需求 □是 □否
岸线高差处理情况 □有 □没有；是否满足需求 □是 □否

**水体环境功能情况：** 便民设施情况 □有 □没有；是否满足需求 □是 □否
农业功能情况 □有 □没有；是否满足需求 □是 □否
休闲娱乐功能情况 □有 □没有；是否满足需求 □是 □否

**访谈记录**

**2.制订调研计划**

针对调研内容，合理进行安排，并根据任务制订相关的调研计划，对参与人员、人员安排等内容进行梳理，任务分工到人，按时完成任务。调研计划表样例见表7-4。

水体环境现状调研计划表　　　　　　　　　　　　表7-4

| 调研计划 | 调研对象 | ××× 村水体环境 | |
|---|---|---|---|
| | 调研时间 | ××× | |
| | 参与人员 | 张同学、何同学、李同学、王同学 | |
| | 人员工作安排 | 张同学 | |
| | | 何同学 | |
| | | 李同学 | |
| | | 王同学 | |
| | 备注 | | |

 知识链接

《"十四五"土壤、地下水和农村生态环境保护规划》
（2021年发布）节选

4.整治农村黑臭水体。结合美丽宜居村庄建设等工作，推进农村黑臭水体整治。建立农村黑臭水体国家监管清单，优先开展整治，实行"拉条挂账，逐一销号"。根据黑臭成因和水体功能，科学实施控源截污、清淤疏浚、生态修复、水体净化等措施，实现"标本兼治"。农村黑臭水体排查和整治结果由各县（市、区）进行公示。将新发现的农村黑臭水体或返黑返臭的水体，及时纳入监管清单安排整治，实行动态管理。充分发挥河湖长制平台作用，实现水体有效治理和管护。在典型地区开展农村黑臭水体整治试点示范，形成可复制、可推广的治理模式与管护机制。到2025年，基本消除较大面积农村黑臭水体。

（扫描二维码查看《"十四五"土壤、地下水和农村生态环境保护规划》全文）

## 任务 7.2 村庄水体环境现状分析

依据调研内容进行水体环境现状分析，了解水体类型。根据不同的水体类型分析水体环境污染问题、驳岸处理问题和功能性缺失问题，客观地对村庄水体环境进行现状分析，为后续制订整治策略做好准备。

### 7.2.1 水体类型分析

村庄水体环境包括湖泊、江河、溪流、水库、水塘和沟渠等多种形式，其中，水塘、河（溪）流和湖泊湿地等形式在乡村中较为普遍，也是村庄人居环境整治的重点。乡村水系具有饮用、灌溉、浣洗、运输、排水、排洪、调蓄、美学、生态、防火和防御等多种功用。以常见类型划分为基础，梳理乡村水系的特点和功能如下：

1. 水塘型

水塘散布于农村各处，是农村生产、生活必不可少的资源，根据不同功能形成不同形态，可作为洗用场所、储水场所、养殖场所、观赏场所等，见图 7-6。

2. 溪流型

一般位于村落中间或外围，提供生产、生活、交通等基本功能，水体流动性强，水质相对清澈，见图 7-7。

图 7-6 水塘型水体实景
照片

图7-7　溪流型水体实景照片（左）

图7-8　湖泊湿地型水体实景照片（右）

### 3. 湖泊湿地型

一般位于村落外围，湖泊资源丰厚并且便于利用，可为村庄提供储水、灌溉、运输、调节区域气候等实用功能，见图7-8。

### 7.2.2　水体环境现状主要问题分析

水体环境现状问题主要指：水体环境污染问题、驳岸处理问题和功能性缺失问题。

#### 1. 水体环境污染问题

水体环境污染又分为：垃圾污染和污水污染。

垃圾污染指垃圾侵占土地、堵塞江湖、有碍卫生、影响景观、危害农作物生长及人体健康的现象。垃圾污染包括工业废渣污染和生活垃圾污染两类。工业废渣是指工业生产、加工过程中产生的废弃物，主要包括煤矸石、粉煤灰、钢渣、高炉渣、赤泥、塑料和石油废渣等。生活垃圾主要是厨房垃圾、废塑料、废纸张、碎玻璃、金属制品等。垃圾污染有以下几个因素：

（1）生活用品污染

随着农村居民生活水平的提高，农村居民消费的各种袋装、罐装食品大量进入农民家庭，一次性的茶杯、碗、汤匙也渗透到农村，产生大量的塑料垃圾，造成严重的白色污染。大量的玻璃瓶作为酒、药品、农药、饮料的容器，也给农村的生态环境和安全造成隐患。污染物堵塞河道、侵占水体，见图7-9。

（2）有害物质污染

部分农村医疗诊所的医疗垃圾、露天厕所的粪便、饲养的家禽家畜的排泄物四处散落，造成寄生虫大量孳生，污染物沉积堵塞水体，严重地影

响到居民的生活与生产。更为严重的是垃圾渗滤液的渗出和垃圾焚烧产生的二噁英类物质对农村地区的地下水、水塘、农田和居民区环境造成严重危害。

图7-9　生活用品污染水体实景照片（左）

图7-10　企业污染水体实景照片（右）

　　污水污染指污水排入环境系统而导致环境质量下降的现象。生活污水随意乱泼乱倒，工业污水肆意排放至河流，见图7-10。由于大量生产和生活废水未经处理排入各种水体，导致农村污水污染环境问题愈发严重。污水污染有以下几个因素：

　　（1）生活污水和固体废弃物的污染

　　随着城乡的发展，农村的给水系统的完善使得农村居民的排水量大幅度增加，但由于没有同步配套完善的排水管道等，造成一定量的生活污水污染；随着乡村生活质量的提高，大量垃圾产生，随意堆放等，不仅传播病毒细菌，其渗滤液也污染了地表水和地下水，导致生态环境恶化。

　　（2）农业污染源

　　化肥是主要的农业污染源。化肥的不合理使用，造成地表水、地下水的污染，湖泊富营养化。我国当前的污染现状不容乐观，一般来讲，化肥小部分附着在农作物上，而大部分则流失在土壤、水体和空气中，在灌溉和降水的作用下污染地下水。

　　（3）乡镇企业排放

　　部分乡镇企业生产过程中产生的废水未经处理直接排向河流、水库和农田，同时大量杂乱堆放的工业固体废物、生活垃圾又对地表水和地下水产生二次污染。

（4）集约化养殖场和畜禽养殖

随着城乡居民对肉类消费需求的大增，农村畜禽养殖业规模逐渐扩大，发展迅速，尤其是集中养殖业的规模越来越大，由此带来了每年数千万吨的畜禽类粪便废弃物和畜禽宰杀废水。

### 2. 驳岸处理问题

沿河地面以下，保护河岸（阻止河岸崩塌或冲刷）的构筑物称为驳岸（护坡），是建于水体边缘和陆地交界处，用工程措施加工河岸使其稳固，以免遭受各种自然因素和人为因素的破坏，保护风景园林中水体的设施。

村庄水体环境常见的驳岸问题有三个方面：

（1）绿化植被遭到破坏且覆盖率低。乡村建设进程中，对原有生态水岸破坏严重，特别对绿化的破坏导致水土流失，见图7-11。

（2）驳岸硬化过度。驳岸过度硬化，影响生态系统的可持续性，同时也造成乡村景观环境的美观度降低，见图7-12。

（3）岸线竖向处理不合理。乡村岸线竖向处理不遵循现状自然状况，大多实行"一刀切"手法，引发自然灾害，见图7-12。

### 3. 功能性缺失问题

水体功能是按照水体各部分的环境状况、使用状况和社会经济发展的需要，将水体划分为水质能满足不同要求的区域。

村庄水体环境常见的功能问题有三个方面：

（1）便民生活功能缺失。水体区域缺乏生活挑台等洗用场所，造成生活不便且危险性大。

（2）农业生产功能缺失。部分地区农业生产条件滞后，水利设备设施不全，影响生产效率。

（3）休闲娱乐功能缺失。部分农村地区不重视生活质量的提升，近水区域缺乏娱乐、休闲等场所或必要设施。

图7-11 驳岸绿化植被遭到破坏且覆盖率低实景照片（左）

图7-12 驳岸硬化过度且竖向处理不合理实景照片（右）

### 7.2.3　水体环境现状分析图表达

图纸包含两部分内容：一是对村庄范围内水域进行调研并分类，标注不同水体的类型、位置、数量等；二是选择某村民小组的其中一种水体类型进行水体环境空间分析。水体环境现状分析图的图纸表达主要包括水体区位位置图、现状文字分析、现状照片等内容，见图 7-13、图 7-14。其具体绘制要点有：

**1. 水体区位位置图**

在村庄和村民小组卫星图基础上标注出水体位置，并做好相应的图例。为使水体位置表达更明确，图底关系表述更清晰，建议底图去色处理。

**2. 现状文字分析**

在村域层面总结水体的类型情况，并做水体现状分析；在村民小组的层面做具体某一类型水体的区位分析和形状分析，文字描述要求清晰简洁、内容准确、简明扼要。

**3. 现状照片**

在村域层面找到相应位置的水体照片，一种类型一张照片做代表；在村民小组层面多方位拍摄现场照片，主要表达现状水体的优劣势，以突出问题为主。

**📖 知识链接**

《农村黑臭水体治理工作指南（征求意见稿）》（2023 年发布）节选

**1.4　基本原则**

问题导向、全面排查。针对农民群众反映强烈的水环境问题，建立黑臭水体排查机制，动态开展排查与核实，对新发现的黑臭水体及时纳入监管清单。

系统谋划、标本兼治。统筹岸上—岸边—水里，以控源截污为根本，系统推进农村生活污水、垃圾、养殖、种植、工业、内源等污染治理，采取工程和/或管理措施，消除黑臭水体，带动农村水生态环境改善。

经济适用、利用优先。综合考虑农村黑臭水体特征、污染成因、水体用途和当地实际，合理选择低成本、易维护、高效率的治理模式。优先采取资源化利用、生态化等措施进行治理，降低治污成本。

加强管护、长制久清。建立水体长效管护机制，落实管护责任，加强信息公开，鼓励社会监督，防止返黑返臭。

（扫描二维码查看《农村黑臭水体治理工作指南（征求意见稿）》全文）

图 7-13　水体环境现状分析图

图 7-14　水体环境现状分析图

## 任务 7.3 村庄水体环境整治策略

村庄水体环境污染整治对社会经济的提升有着重要意义，净水灌溉有利于提高农产品产量和质量，提升饮用水安全，给人体健康增添一份保障，对实现可持续发展有着重大的战略意义。水体环境整治策略将从水体环境污染整治、水体驳岸整治、水体功能整治展开。

### 7.3.1 水体环境污染整治策略

水体环境污染整治策略，主要包括雨污分流、乡村污水整治和乡村雨水整治三个方面。

**1. 雨污分流**

村庄水环境普遍存在雨污相互交融问题，现部分临近城市边缘的村庄雨水本身含有污染物，而生活生产污水直接排放到雨水环境中，更加重水环境的恶化。因此针对近郊型或城镇型村庄，在村庄水体环境整治进行过程中，首先要确立的前提为"雨污分流"，分流以后雨水与污水单独处理净化之后方可汇集排放。雨水可以通过雨水管网直接排到河道，污水则需要通过污水管网收集后，送到污水处理设施中进行处理，水质达到相应国家或地方标准后再排到河道里，防止河流被污染。

**2. 乡村污水整治——清淤、控制污水排放源头、净化、排放**

农村生活污水主要来自洗涤污水、厕所污水、厨房污水等，整治就是要把生活污水全收集，经过终端物理、化学处理达到排放标准后排放，让"污水"变"清流"。

（1）清淤。清污、清淤，疏通河道。

（2）控制污水排放源头。建立村民生活污水处理系统，小型农村乡镇企业实行谁污染谁治理，经营企业需满足法律规定原则方可排放污水。

（3）净化。设置不同层级的生物净化池，从源头一级处理后，水流以及原有污水进入生物净化池，通过生态植物的多次净化，方可进行排放。

（4）排放。通过物理净化和生物净化之后的水源，经过沟、渠、河道等才能排入自然界中。

**3. 乡村雨水整治——收集、净化、排放**

在传统的水资源开发方式已无法再增加水源时，净化利用雨水将成为一种既经济又实用的水资源开发方式。雨水的合理收集利用，不仅可以用于灌溉和生活用水，解决缺水问题，还能减少洪涝灾害。收集的雨水经净化后使用可以达到节约用水的目的。

（1）收集。房前屋后、街巷路边设置排水沟、截水沟收集雨水，多户共同设置蓄水池达到收集目的，水量大时可与溪流河道连通，防止内涝。

（2）净化。雨水处理使用净水植物、生物净化塘等方式净化，净化后可供回收利用，如生活洗用，农田、菜地灌溉等。

（3）排放。水量大时随排水沟、溪流等汇入自然系统，排入河流。

### 7.3.2 水体驳岸整治策略

#### 1. 增加水岸绿化

减少自然水体建设开发与破坏，增加水岸绿化覆盖率。增加绿化种植覆盖率并增加植物颜色的季向变化；水岸边种植本土水生植物稳固驳岸土壤；水岸绿化种植可结合场地功能通过组合种植等方式增加可观性，减少城市化进程中对现有水体环境的破坏，对现已破坏了的水体生态环境进行生态性修复，见图7-15、图7-16。

#### 2. 选用生态材料

驳岸材料应遵循生态可持续原则，选用本土、生态、可持续的材料。驳岸材料宜采用石块或木桩等当地生态材料，同时也可采用根系发达的水际植物，既美观又可防止水土流失，见图7-17、图7-18。

#### 3. 多种护坡方式

护坡针对不同水体环境用不同的处理方式，常用的生态护坡形式有植物型护坡、土工材料复合种植基护坡、生态石笼护坡、植被型生态混凝土护坡、生态袋护坡、多孔结构护坡、自嵌式挡土墙护坡等。总体控

图7-15　水岸绿化示意图（左）

图7-16　水岸绿化示意图（右）

制原则是尽量使用生态做法，减少对生态系统的负面影响，见图 7-19、
图 7-20。

#### 4. 注重竖向设计

驳岸竖向处理需因地制宜。驳岸竖向处理需根据现场实际情况，因地
制宜处理。对于高差较小场地应采用缓坡入水处理方式，对于亲水性强的
岸线可以采用阶梯式处理方式，高差较大场地应采用平台式处理方式，坚
决禁止"一刀切"的硬化处理。

图 7-17　石块驳岸示意图
（左）
图 7-18　木桩驳岸示意图
（右）

图 7-19　生态石笼护坡示
意图（左）
图 7-20　植被型生态混凝土
护坡示意图（右）

### 7.3.3 水体功能整治策略

#### 1. 适当增补便民设施

便民设施的增补视当地实际需求情况而定，宜采用当地常用材料，取缔或拆除危险的公共洗用场所，使农民日常生活方便、安全。

#### 2. 增补农田灌溉设施

建议农村地区可根据地形地势，使用多种农田灌溉方式，提高农业灌溉效率。可使用的三种方式为：一是在水源高地可利用传统水车方式灌溉；二是开挖沟渠引河、湖水入田；三是架设管道设施进行灌溉。

#### 3. 增加休闲游赏设施

在滨水区域设置亲水平台、木栈道、景观亭、垂钓台等，为村民及游人提供休闲游赏空间，改善农村较为单一的生活，见图7-21。

图7-21 景观桥

 知识链接

*《农村人居环境整治提升五年行动方案（2021—2025年）》*
*（2021年发布）节选*

三、加快推进农村生活污水治理

（八）加强农村黑臭水体治理。摸清全国农村黑臭水体底数，建立治理台账，明确治理优先序。开展农村黑臭水体治理试点，以房前屋后河塘沟渠和群众反映强烈的黑臭水体为重点，采取控源截污、清淤疏浚、生态修复、水体净化等措施综合治理，基本消除较大面积黑臭水体，形成一批可复制可推广的治理模式。鼓励河长制湖长制体系向村级延伸，建立健全促进水质改善的长效运行维护机制。

## 任务 7.4　村庄水体环境整治方案

绿水青山就是金山银山。一方面，要切实加大农村水环境污染治理的投入力度，通过政府财政补贴或者引入市场化运作方式，持续改善农村污水处理的基础条件；另一方面，需要各地立足自身实际，统筹协调好区域农村污水治理顶层设计，抓好农村水环境污染治理的规划，从技术引进、工艺选择、规划设计到日常维护等，均需要结合农村实际。本任务需要掌握水体环境整治的原则，从整治设计的角度出发，围绕水体环境污染整治、驳岸整治、功能性整治等方面制订水体环境整治方案。

### 7.4.1　水体环境整治原则

#### 1. 突出重点，示范带动

以房前屋后河塘沟渠和群众反映强烈的黑臭水体为重点，狠抓污水垃圾、畜禽粪污、农业面源和内源污染治理。选择通过典型区域开展试点示范，深入实践，总结凝练，形成模式，以点带面推进村庄水体环境整治。

#### 2. 因地制宜，分类指导

充分结合农村类型、自然环境及经济发展水平、水体汇水情况等因素，综合分析水体的特征与成因，区域统筹、因河（塘、沟、渠）施策，分区分类开展治理。

#### 3. 标本兼治，重在治本

坚持治标和治本相结合，既按规定时间节点实现村庄黑臭水体消除目标，又从根本上解决导致水体污染的相关环境问题，建立长效机制，让有污染的水体长"制"久清。

#### 4. 经济实用，维护简便

综合考虑当地经济发展水平、污水规模和农民需求等，合理选择技术成熟可靠、投资小、见效快、管理方便、操作简单、运行稳定、易于推广的农村水体治理技术和设施设备。

#### 5. 村民主体，群众满意

强化农村基层党组织战斗堡垒作用，引导农村党员发挥先锋模范作用，带领村民参与水体整治，保障村民参与权、监督权，提升村民参与的自觉性、积极性、主动性。尊重村民意愿，确保水体整治效果与群众的切身感受相吻合。

### 7.4.2　水体环境整治方案措施

#### 1.水体环境污染整治方案

（1）污水处理

针对生活污水，推荐利用生物净化池等生态自然方式治理村庄水体环境污染。污水排入沉淀池或化粪池，通过沉淀，过滤后排放至一级处理池和二级净化池。利用净水植物、石头等达到生态的净化效果。

生物净化池通过种植水生植物，利用其对污染物的吸收、降解作用，达到水质净化效果，见图 7-22。在水生植物生长过程中，需要吸收大量的氮、磷等营养元素，以及水中的营养物质，通过富集作用去除水中的营养盐。此方法建设和运行费用低，可结合景观设计打造优美的植物景观。但周期较长，需要配合其他工程技术使用。

虚拟动画

（扫描二维码查看
"生态清淤"虚拟动画）

图 7-22　生物净化池

（2）植物选择

水生植物按生活类型主要分为挺水植物、浮水植物、漂浮植物和沉水植物。

挺水植物。挺水植物是指根生长于泥土中，茎叶挺出水面之上的植物。在滨水植物景观的营造中，挺水植物是最重要的植物材料。比较常见的有荷花、千屈菜、香蒲、芦苇、菖蒲、慈姑、黄花鸢尾等。

浮水植物。浮水植物是指根生长于泥土中，叶片漂浮于水面上，包括栽培水深 1.5~3m 的植物。浮水植物在划分水面空间、改变水面色彩、增加水面景观效果方面有很大的作用。比较常见的有睡莲、芡实、萍蓬草、荇菜等。

漂浮植物。漂浮植物是指根生长于水中，植株体漂浮在水面上的植物。它多数以观叶为主，随着漂浮地点的变化，植物可以改变不同水域的水面景观效果，如凤眼莲、水鳖、大藻等。

沉水植物。沉水植物根基生于泥中，整个植株沉入水中，具有发达的通气组织，利于进行气体交换，有竹叶眼子菜、狐尾藻、黑藻、苦草、金鱼藻、菹草等。

### 2. 驳岸整治方案

（1）处理方式

自然原型驳岸。自然原型驳岸是以保护水体驳岸、还原驳岸原型为主要目的的，通常会在表面土层铺上卵石、细砂，或是种植草皮等。在植被上，多使用水杉、柳树、香蒲、芦苇等。

自然型驳岸。自然型驳岸在水面上种植植被，并且选用石材、木材等材料提高坡面的抗冲刷能力。在坡脚用木桩、石笼或浆砌石块等建筑土堤，在斜坡种植乔灌草植被，提高驳岸抗洪能力。

人工自然式驳岸。人工自然式驳岸用石材、钢筋混凝土等材料还原驳岸形态，以实地情况为依据，将缓坡式、台阶式及后退式堤岸结合起来。如果没有建筑低台地，可以根据淹没的周期性设计更多的亲水性空间。

人工式驳岸。人工式驳岸直落式的陆地和水面之间存在很大的落差，没有足够大的空间，水位变化幅度较大，另外其亲水性和形式都存在缺点。如果具有足够的空间，可以选用缓坡式进行分级，分级式的梯级标高依据是水位的变化。但是如果没有足够的空间，就要选用直落式分级。

（2）植物选择

驳岸植物按生长位置主要分为水缘湿生植物、岸际陆生植物。

水缘湿生植物。水缘湿生植物通常指生长在水边，有很强的耐水湿能力的植物，这类植物从水深20cm处到水边的泥里均可以生长。水缘湿生植物是河道植物景观中的过渡带植物，常见的有：旱伞草、美人蕉、马蹄莲、石菖蒲等。

岸际陆生植物。岸际陆生植物一般生长在地面或者水体边缘湿润的土壤里，但是根部不能浸泡在水中，一般情况下此类植物只有一定的耐水湿能力。它的种类非常丰富，主要由乔木、灌木、地被植物组成。此区域的植物选择重点考虑其被水淹的时间，淹水时长大于6h小于12h的区域植物选择：柳叶马鞭草、中国石竹、洋甘菊、银苞菊、垂盆草、紫花地丁、爬山虎、野牛草、紫叶李、紫叶矮樱、矮生紫薇等；淹水时长大于24h区域植物选择：千屈菜、黄菖蒲、柽柳、美人蕉、芦苇、香蒲、菖蒲、石菖蒲、睡莲、凤眼莲、金鱼藻、荇菜、荷花、水葱等。

### 3. 功能性整治方案

（1）增加生活使用设施

停泊区：一般称为码头，具有交通运输的功能，但是由于现代交通的发展，有一些码头已经不再使用了，但是可以对其进行改造，使其成为亲水平台或是游艇码头，亦或是作为人们垂钓、观赏水景的场所。

亲水踏步：亲水踏步是延伸到水面的阶梯式踏步，宽度为 0.3~1.2m，长度可以根据功能和河道规模而定，主要供村民盥洗、取水等，也可作为人们垂钓、戏水的场所。

（2）增加休闲娱乐设施

亲水平台：亲水平台是从岸边延伸到水面上的活动场所，其规模不大，形状多为半圆形、方形、船形、扇形等。在设计的过程中，要注重亲水平台的栏杆设计符合安全标准。

景观建筑：亭、廊是交通流线中的驻留点，供游人休息和娱乐，在设计上要注重功能性和景观性。

道路铺装：道路铺装主要是以铺地材料和图案的不同，形成不同的风格。为了满足设计需求，要结合区域功能进行选材，如木制栈道。

照明设施：照明设施不仅方便夜间人们的出行，还能够丰富夜间景观。

（3）增加农业生产设施

水体周边留出空间用于农业生产架设管道和设施摆放。

### 7.4.3 水体环境整治效果评估

#### 1. 监测要求

对已完成整治的水体，根据工作需要，对透明度、溶解氧、氨氮三项指标进行水质监测，有关部门要组织开展水体水质监测，每年第三季度至少监测一次。

#### 2. 评估内容

主要包括水体环境整治效果、探索治理模式和长效管理机制三部分，包括以下指标：

（1）村民满意度 >80%；

（2）水体无异味，颜色无异常（如发黑、发黄、发白等由于污水排入造成的水体颜色变化）；

（3）河（塘、沟渠）无污水直排；

（4）河（塘、沟渠）底无明显黑臭淤泥，岸边无垃圾；

（5）水质优于相关部门制定的监测指标限值；

（6）建立河（塘、沟渠）、沿岸定期清理及保洁机制，落实保洁人员和工作经费；

（7）建立"可复制、可推广"的村庄水体环境整治模式与机制；

（8）将村庄水体环境整治纳入村规民约，吸引当地村民充分参与。

### 7.4.4 水体环境整治保障措施

一是加强组织领导：完善中央统筹、省负总责、市县落实的工作推进机制。二是加大资金投入：建立地方为主、中央适当补助的政府投入体系，并向贫困落后地区适当倾斜。三是提升科技支撑：开展科技下乡，鼓励农村水体治理专家对治理的全过程、各环节提供技术支持，推荐实用技术目录，推广示范适用技术。四是强化监督考核：生态环境部门会同其他部门对农村水体整治进展及成效进行评估。

 **知识链接**

《农村黑臭水体治理试点实施方案（编制大纲）》节选

**四、治理措施和技术路径**

按照精准治污、科学治污、依法治污要求，遵循适用性、经济性、综合性和长效性等原则，根据污染成因因地制宜明确技术路线，确定控源截污、清淤疏浚、水系连通、水生态修复等工程措施，实现"标本兼治"。

（一）控源截污措施。与农村生活污水、面源污染、农村改厕、农村生活垃圾治理等有效衔接、统筹推进，解决垃圾乱堆乱放、畜禽粪污污染、水产养殖污染、生活污水等直排入河问题。

（二）清淤疏浚措施。确定合理的清淤范围和深度，降低黑臭水体的内源污染负荷，避免底泥污染物向水体释放。

（三）水系连通措施。疏通河道，整治断头河和封闭性坑塘，增强水体流动性和自净能力。

（四）水生态修复措施。在实施好控源截污的基础上，针对岸线和水域，开展湿地、缓冲带修复等生态修复。不得将"华而不实"的景观、道路硬化、绿化工程等作为生态修复措施。

在未做好控源截污的情况下，不得将河道内原位修复、投撒药剂、调水冲污等方式作为主要治理措施。避免对具有防洪排涝、蓄水、生态、景观等功能的水体采用简单填埋或加盖方法进行治理。

（扫描二维码查看《农村黑臭水体治理试点实施方案（编制大纲）》全文）

### 7.4.5 绘制水体环境整治方案图表达

针对村民小组内一种类型水体进行整治，在现状卫星平面图的基础上，研究水体环境整治策略，并进行水体环境整治方案设计，水体环境整治方案图表达主要包括总平面图整治方案、效果图整治方案等内容，见图7-23。其具体绘制要点有：

**1.总平面图整治方案**

绘制总平面图，标注出水体环境污染整治内容，新增绿化内容，新增功能性内容。

**2.效果图整治方案**

绘制整体水体效果图，重点表达水体污染整治节点效果图、驳岸整治节点效果图、功能整治节点效果图。

图7-23 水体环境整治方案图

水体环境整治方案图

整治方案：
1.污染问题整治：清淤、疏导、增加生物种植。
2.驳岸整治方案：材料选用本土、生态、可持续材料营造美观环境，采用根系发达的水生植物种植的方式，既美观又可防止水土流失。
3.功能整治方案：增加休闲娱乐功能，在滨水区域设置亲水平台、木栈道、园林小品等。

图例
①入口广场 ⑥木平台
②岗亭 ⑦玻璃板地面
③长凳 ⑧草地
④环潮汀步 ⑨水体
⑤木栏杆 ⑩水生植物

## 任务评价（表7-5）

项目七任务评价表　　　　　　　　　　　　　　　　　表7-5

| 评价内容 | | | 评价维度 | 评分细则 | 标准分（分） | | 自评 30% | 互评 30% | 师评 30% | 企业教师 10% |
|---|---|---|---|---|---|---|---|---|---|---|
| 过程评价 55% | 【1】实地调研水体环境 | 调研过程中对水体环境的观察记录以及收集水体环境相关信息 | 素养 | 在实地调研时，能做到尊重村民、爱护环境 | 1 | 6 | | | | |
| | | | 知识 | 掌握水体环境基本信息收集与外观观察方法 | 3 | | | | | |
| | | | 技能 | 能根据需要调整、使用问卷星 | 2 | | | | | |
| | 【2】分析水体类型 | 观察记录水体环境类型特点，现场实测尺寸数据并现场拍照 | 素养 | 实地测量中的安全意识与合作意识 | 1 | 6 | | | | |
| | | | 知识 | 掌握水体环境实地测绘的方法 | 3 | | | | | |
| | | | 技能 | 能正确测量水体环境尺寸并绘制草图 | 2 | | | | | |
| | 【3】分析水体环境问题 | 分析水体环境现状问题，了解村民整治意愿 | 素养 | 在环境保护时，具备整体观和协调意识 | 1 | 6 | | | | |
| | | | 知识 | 掌握水体环境现状问题的基本知识 | 3 | | | | | |
| | | | 技能 | 能区分水体环境现状问题 | 2 | | | | | |
| | 【4】绘制水体环境现状分析图 | 绘制水体环境现状分析图，总结水体环境现状问题 | 素养 | 在图纸整合时，能合理总结，具备主次意识 | 1 | 6 | | | | |
| | | | 知识 | 掌握水体环境现状分析图表达要点 | 3 | | | | | |
| | | | 技能 | 能利用计算机辅助绘制水体环境现状分析图 | 2 | | | | | |
| | 【5】水体环境污染治理 | 分析水体环境污染问题，提出水体环境污染整治策略 | 素养 | 具有敬恭桑梓、提升村民居住幸福感的意识 | 1 | 6 | | | | |
| | | | 知识 | 掌握解决水体污染问题、实现整治意向的策略方法 | 3 | | | | | |
| | | | 技能 | 能针对水体环境污染现状问题，分类拟定整治策略 | 2 | | | | | |
| | 【6】水体环境驳岸整治 | 分析水体环境驳岸问题，提出水体环境驳岸整治策略 | 素养 | 整治时，具备建筑工程技术思维 | 1 | 6 | | | | |
| | | | 知识 | 掌握解决水体驳岸问题、实现整治意向的策略方法 | 3 | | | | | |
| | | | 技能 | 能针对水体环境驳岸现状问题，分类拟定整治策略 | 2 | | | | | |

| 评价内容 | | | 评价维度 | 评分细则 | 标准分（分） | 自评 30% | 互评 30% | 师评 30% | 企业教师 10% |
|---|---|---|---|---|---|---|---|---|---|
| 过程评价 55% | 【7】水体环境功能整治 | 分析水体环境功能问题，提出水体环境功能整治策略 | 素养 | 具有水体环境效果表达的艺术素养 | 1 | | | | |
| | | | 知识 | 掌握解决水体功能问题、实现整治意向的策略方法 | 3 / 6 | | | | |
| | | | 技能 | 能针对水体环境功能现状问题，拟定整治策略 | 2 | | | | |
| | 【8】明确水体环境整治方案，绘制方案草图 | 明确水体环境整治措施，研讨并确定一种类型水体整治策略，绘制水体整治方案草图 | 素养 | 具有水体环境效果表达的艺术素养 | 1 | | | | |
| | | | 知识 | 掌握水体环境整治方案图表达要点 | 3 / 6 | | | | |
| | | | 技能 | 能重点表达出整治前后效果区别与整治措施 | 2 | | | | |
| | 【9】绘制水体环境整治方案图 | 表达改造前实景照片及现状情况，表达改造后效果图及主要整治措施，表达整治后方案图纸 | 素养 | 具有水体环境效果表达的艺术素养 | 1 | | | | |
| | | | 知识 | 掌握水体环境整治方案图表达要点 | 3 / 7 | | | | |
| | | | 技能 | 能重点表达出整治前后效果区别与整治措施 | 3 | | | | |
| 成果评价 45% | 水体环境现状分析图 | 内容完整度：水体现状分析图 | | | 6 | | | | |
| | | 表达正确度：清晰表达出水体环境的现状分类与主要问题，分析图简洁易读、重点突出 | | | 6 / 20 | | | | |
| | | 画面美观：布局均衡、色彩适宜 | | | 8 | | | | |
| | 水体环境整治策略图 | 内容完整度：改造前实景照片、改造后效果图、水体环境整治方案图 | | | 8 | | | | |
| | | 表达正确度：改造前后图片角度一致，整治效果图美观 | | | 8 / 25 | | | | |
| | | 设计创新度：整治后满足水体环境整治等需求提升了水体环境 | | | 9 | | | | |
| 合计 | | | | | 100 | | | | |
| 自我总结 | | | | 签名： 日期： | | | | | |
| 教师点评 | | | | 签名： 日期： | | | | | |

## 思考总结

### 1. 单项实训题

对给定水体环境现状平面图（图7-24）进行分析，对应整治要求，运用专业软件完成水体环境整治方案图表达。

（1）水体环境整治方案图要求：

①水体环境污染整治措施；

②水体环境驳岸整治措施；

③水体环境功能整治措施。

（2）CAD出图并完成彩色平面图表达：

根据提供的素材，完成水体环境整治方案图。要求：采用1：100比例。

（3）附图：根据水体环境现状平面图进行分析。（提供电子文件）

（扫描二维码下载
某村庄水体环境现状平面图）

图7-24　某村庄水体环境现
状平面图

### 2. 复习思考题

你认为水体环境保护的措施有哪些？

# 村庄人居环境综合实训

通过对某村庄人居环境整治项目的综合实训，掌握村庄人居环境综合整治的图件文件、汇报文件以及展板文件编制的内容与表达，掌握逻辑清晰、内容准确、重点突出的汇报方法。项目成果内容规范、准确、完整，能基于村庄的特点特色，重点反映出村庄现状问题、整治策略构思与整治方案创新点。

## 实训目标

### 素质目标

1.坚定以技术振兴乡村、保护绿水青山、爱国报国的"忠心"。

2.厚植改善村庄人居环境、为村民谋福利、爱人利物的"爱心"。

3.坚持严格遵守行业标准、政策法规，培养规范严谨的"匠心"。

4.深耕绿色发展、和美宜居、精益求精的"创心"。

### 知识目标

1.完整准确地掌握村庄人居环境综合整治的具体工作任务及任务内容、要点。

2.完整准确地掌握村庄人居环境综合整治的图件文件编制的内容与要点。

3.精准熟练地掌握村庄人居环境综合整治的汇报文件编制的组织逻辑、内容要点和汇报重点。

4.精准熟练地掌握村庄人居环境综合整治的成果展板的排版原则、工作流程和表达要求。

### 能力目标

1.具备思路清晰、逻辑正确、语言简明地汇报项目调研分析、整治策略拟定、整治方案制订等全过程工作的口头表达能力。

2.具备完整准确规范地编制图件文件、汇报PPT和成果展板的文字编辑、色彩表达及信息技术运用等基本技术能力。

3.具备基于不同项目任务特点特色、创新点，强化展现整治构思、效果对比的分析归纳能力。

## 设计任务书

**"村庄人居环境综合整治"课程综合实训设计任务书**

**1. 设计目的**

课程设计是培养学生综合运用所学基础理论、专业知识和专业技能完成工程项目的重要的实践教学环节。通过"村庄风貌整治、村庄农宅风貌整治、村庄景观空间营造、村庄道路交通优化、村庄公共服务配套、村庄环卫设施治理、水体环境保护"7个项目的实训，使学习者全面系统地了解村庄人居环境综合整治的主要工作任务，掌握相关技术规范与标准、相应技术方法与措施，正确开展村庄现状调研，以图文结合的方式撰写调研报告、拟定整治策略、编制整治方案，形成综合学习成果。培养"愿意做、能够做、做得好"村庄人居环境整治项目的专业人才。

**2. 任务对象**

以一个行政村为任务对象。优先考虑距离学习者单位较近、且有整治需求的村庄。

**3. 设计依据**

相关法规与政策文件：

《中华人民共和国城乡规划法》（2019年修正）

《中华人民共和国土地管理法》（2019年修正）

《中华人民共和国乡村振兴促进法》（2021年）

《农村人居环境整治提升五年行动方案（2021—2025年）》

《农村人居环境整治三年行动方案》（2018年）

《住房和城乡建设部 农业农村部 国家乡村振兴局关于加快农房和村庄建设现代化的指导意见》（建村〔2021〕47号）

相关标准与参考资料：

《村庄整治技术标准》GB/T 50445—2019

《美丽乡村建设指南》GB/T 32000—2015

《美丽乡村建设评价》GB/T 37072—2018

《湖南省村庄规划编制技术大纲（修订版）》（2021年）

《云南省农村人居环境整治技术导则（试行）》（2018年）

《贵州省村庄风貌指引导则（试行）》（2018年）

《某某村村庄规划》等

**4. 设计要求**

每3~5人为一组完成一个村庄的村庄人居环境综合整治任务。根据村庄实际的需要和现状发展情况，选择性完成"村庄风貌整治、村庄农宅风貌整治、村庄景观空间营造、村庄道路交通优化、村庄公共服务配套、村庄环卫设施治理、村庄水体环境保护"7个项目。依次从：实地调研、现状分析、策略拟定、整治方案等工作流程开展设计任务。

5. 设计内容

围绕7个项目，某村村庄人居环境综合整治设计内容具体见表8-1。

村庄人居环境综合整治设计内容　　　　　　　　　　　　　　　　表8-1

| 项目名称 | 设计内容 |
|---|---|
| 村庄风貌整治 | 1. 村庄风貌现状调研与分析<br>分组调研，对任务对象进行现状照片及数据采集，摸清村庄风貌7个要素的情况，绘制出村庄风貌要素的具体位置。研讨村庄风貌存在的主要问题，用图文表达方式分析村庄风貌要素的优劣势。<br>2. 村庄风貌整治策略<br>结合调研资料与现状分析结论，用图文表达方式，从不同的角度对村庄风貌提出整治策略 |
| 村庄农宅风貌整治 | 1. 农宅风貌现状分析与整治策略<br>分组对村民小组范围内所有农宅（多于15栋时，可自选15栋）进行现状照片拍摄、布局定位与信息采集，研讨各农宅在房屋质量与建筑外观方面存在的主要问题，对调研农宅进行分类。收集资料对本地民居进行分析，用图文表达方式拟定农宅分类整治策略。<br>2. 农宅风貌整治方案制订<br>小组成员对重点整治对象在风貌整治策略基础上深化整治措施，合作完成两栋重点整治农宅的模型制作与效果图表达。完成两栋重点整治农宅改造的主要材料清单算量与经济估算，完成经济估算表编制。最后，制订农宅风貌整治方案 |
| 村庄景观空间营造 | 1. 景观空间风貌分析与整治策略<br>分组对任务对象进行现状照片及数据采集，研讨各类景观空间在植物、小品造景与空间营造方面存在的主要问题，并对应地标注在图纸上。再根据分析结果，用图文表达方式对景观空间提出整治策略。<br>2. 景观空间风貌整治方案制订<br>根据整治策略，完成宅旁与庭院平面图布置、效果图表达恰当。用图文表达方式制订宅旁与庭院景观空间整治方案 |
| 村庄道路交通优化 | 1. 道路交通现状分析与整治策略<br>分组对村庄道路交通布局情况进行现状照片及数据采集，研讨村庄道路交通的功能等级和布局情况、道路交通现状情况存在的问题，并标注在图纸上。依据问题，从不同的角度，用图文表达方式拟定道路交通优化整治策略。<br>2. 道路交通整治方案制订<br>针对村民小组道路交通现状问题，从策略出发，增添设施、优化交通，用图文表达方式制订道路交通整治方案 |
| 村庄公共服务配套 | 1. 村庄公共服务设施现状分析与设施布点<br>首先，分组对村域公共服务设施进行现状照片及数据采集，研讨各公共服务设施在位置、规模等方面存在的主要问题，并标注在图纸上；其次，根据现状分析的结果，合理选择并确定需要增加的公共服务设施，确定其设施规模和位置，合理地进行公共服务设施的布点，并绘制在图纸上。<br>2. 村庄公共空间整治方案制订<br>结合公共空间主要存在的问题，对所在村民小组的公共空间提出整治策略，用图文表达方式进行整治方案制订 |

| 项目名称 | 设计内容 |
|---|---|
| 村庄环卫设施治理 | 1. 生活垃圾治理策略及方案制订<br>根据生活垃圾配置要求，对现状生活垃圾进行分析，并绘制现状图纸。选择需要配置的生活垃圾设施类型，确定设施规模和位置，合理进行布点，用图文表达方式制订生活垃圾治理方案。<br>2. 生活污水防治策略及方案制订<br>根据村庄某村民小组的生活污水排放和居住布局现状情况，绘制现状图纸。提出适宜的污水处理方式，并布局污水处理设施，用图文表达方式制订生活污水防治方案。<br>3. 厕所提质改造策略及方案制订<br>根据村庄户厕现状情况，绘制现状图纸。根据村民不同需求，提出较为适宜的户厕布置类型，用图文表达方式制订户厕提质改造方案 |
| 村庄水体环境保护 | 1. 水体环境现状分析与整治策略<br>分组对任务对象村域的水体环境调研及某村民小组的某一种水体环境深度调研，进行现状照片及数据采集，研讨村庄水体环境存在的主要问题，并对应标注在图纸上。对村庄范围内水体环境进行分析，针对其中一种类型水体，用图文表达方式拟定整治策略。<br>2. 水体环境整治方案制订<br>根据整治策略，小组成员深化整治方案，制作水体环境平面方案、效果示意图等，用图文表达方式制订水体环境保护方案 |

6. 设计成果

通过7个项目的实训，最终提交设计成果包括：图件文件、汇报文件、展板文件。

图件文件：汇总7个项目的所有图件成果形成文本，即成果一：某某村村庄人居环境整治图件文件。具体图件内容见表8-2。

汇报文件：将7个项目的汇报文件汇总为最终成果PPT，即成果二：某某村村庄人居环境整治汇报文件。

展板文件：将对课程最终所有成果进行展板排版，即成果三：某某村村庄人居环境整治展板文件。

村庄人居环境综合整治图纸一览表　　　　表8-2

| 项目名称 | 图纸内容 |
|---|---|
| 村庄风貌整治 | 村庄风貌现状图、村庄风貌现状分析图、村庄风貌整治策略图 |
| 村庄农宅风貌整治 | 村庄农宅风貌现状分析图、村庄农宅风貌整治策略图、村庄农宅立面改造方案图 |
| 村庄景观空间营造 | 村庄景观空间风貌现状分析图、村庄景观空间风貌整治策略图 |
| 村庄道路交通优化 | 村庄道路交通现状布局分析图、某村民小组道路交通现状问题分析图、某村民小组道路交通整治方案图 |
| 村庄公共服务配套 | 村庄公共服务设施现状分析图、村庄公共服务设施布点图、村庄公共空间整治方案图 |
| 村庄环卫设施治理 | 村庄生活垃圾设施布局图、村庄生活污水设施布局图、农户户厕改造设计引导图 |
| 村庄水体环境保护 | 水体环境现状分析图、水体环境整治策略图 |

## 7. 成果要求

图件文件要求：采用计算机辅助制图，A3 彩色出图，成图插入标准图框内，并按要求正确填写图签栏信息。

汇报文件要求：用 PPT 于汇报使用，应展示调研内容的详细介绍、具体的小组分工，采用图文混排的方式。PPT 应有封面（含标题、班级姓名、指导老师等信息）、封底、清晰的章节目录、美观的版式设计。

展板文件要求：展板尺寸 900mm×1200mm，分辨率 200~300dpi，建议 2~3 块展板。每个展板主标题明确，即：某某村村庄人居环境综合整治。主标题前后可以加"主题"，如"田园诗意，某某村村庄人居环境综合整治"。展板要有班级、姓名、指导老师等信息，最终以 JPG 图片格式提交。

## 8. 设计进程

详细见项目设计指导书。

## 9. 考核评价

采取线上过程性评价加结果性与增值性评价相结合方式。

总评成绩 = 平时成绩（过程性评价）×65%+ 期末成绩（结果性评价 ×30%+ 增值性评价 ×5%）。

过程性评价包含课前学习 20%、在线测试 10%、课中学习 20%、考勤 5%、课堂活动 10%；

结果性评价包含考试 10%、课程综合成果 20%；

增值性评价包含参与课程竞赛 2%、参与设计下乡实践 1%、进步奖励 2%。

基于教学网络平台的数据采集，全过程记录学生学习过程，开展课前、课中、课后"三个阶段"，学园教师、产园导师、村民群众、学生自己"四元主体"参与评价，以参加竞赛、设计下乡志愿服务活动等实现增值评价，注重动态考核与增值评价，线上线下结合实现学生的综合评价。

## 设计指导书

### 项目一　村庄风貌整治设计指导书

#### 1. 实训目标

通过对某村村庄风貌进行分组调研、现状分析和整治策略制订。学习人居环境整治中村庄风貌整治工作的方法，培养"田园乡愁"文化认同，掌握"乡居乡景营建技术"，涵养"敬恭桑梓"乡土情怀；助力村庄在城乡统筹发展中保持乡土风貌，留住"青山绿水、乡愁记忆"。

#### 2. 实训组织

每 3~5 人为一组，分组进行村庄风貌现状调研及资料收集。组内每位组员按不同角色进行分工，每人主要负责 1~2 个风貌要素的调研与资料收集，完成任务后，总结分析，汇总成图和汇报文件（表 8-3）。

实训组织进程表　　　　　　　　　　　　　　　　　　　表 8-3

| 序号 | 实训阶段 | 实训内容 | 阶段成果 |
|---|---|---|---|
| 1 | 实地调研 | 现场踏勘，了解村庄整体基本情况，包括历史沿革、人口、产业、经济等。调研现场要准备好村域范围的地形图或卫星图，拟定好调研路线 | 村庄风貌现状图、村庄风貌现状分析图 |
| | | 深入调研村庄风貌。各自就村庄风貌 7 个要素点展开深入调查，拍照，走访，问卷等。按调研清单内容做好调研资料的收集与整理 | |
| 2 | 村庄风貌现状分析 | 查看优秀案例，对照调研的村庄，整理归纳调研资料 | |
| | | 根据村庄平面图（卫星图）绘制出村庄的山水格局，主要表达：山、水、田、筑、路等核心要素的分布。对村庄整体格局有个初步认识 | |
| | | 结合村庄风貌要素，针对调研村庄，分析村庄风貌现状问题，分析简明扼要，重点突出 | |
| | | 绘制村庄风貌现状图、村庄风貌现状分析图 | |
| 3 | 村庄风貌整治策略拟定 | 基于村庄风貌现状分析的结论，结合村庄的发展要求与公众的诉求，根据村庄风貌整治要求和整治手段，从山水田园风貌管控、建筑品质提升、道路品质提升、公共空间品质提升、特色主题打造5个方面提出村庄风貌整治策略 | 村庄风貌整治策略图、项目一汇报PPT |
| | | 绘制村庄风貌整治策略图，制作本项目的汇报文件 | |

## 项目二　村庄农宅风貌整治设计指导书

### 1. 实训目标

通过对某村村民小组农宅进行分组调研和整治，学习人居环境整治中农宅立面整治工作的方法，培养"田园乡愁"文化认同，掌握"乡村建筑营建技术"，涵养"敬恭桑梓"乡土情怀，助力村民在农村住宅立面改造过程中减少外立面的漏水、渗水甚至结构主体损坏等质量通病，提升通风、采光、遮阳效果，增强居住舒适感。

### 2. 实训组织

每 3~5 人为一组，分组进行村民小组现状农宅调研与资料收集。成员分别负责两栋农宅的实测与整治方案，按农宅风貌整治策略，完成任务后，总结分析，汇总成图和汇报文件（表 8-4）。

实训组织进程表　　　　　　　　　　　　　表 8-4

| 序号 | 实训阶段 | 实训内容 | 阶段成果 |
|---|---|---|---|
| 1 | 实地调研 | 现场踏勘，对本村民小组范围内的农宅（多于 15 栋时，可自选 15 栋），进行整体与局部细节拍照，同时需确定每栋农宅的村民小组内的具体位置。依据调研大纲，通过观察、走访、交谈等方式，收集各栋农宅基本资料 | 村庄农宅风貌现状分析图 |
| | | 对两栋重点整治对象，进行实地测量，要求对每栋建筑 2~3 个立面中的屋面、墙体以及门窗等细节测量所有尺寸 | |
| 2 | 村民小组农宅风貌现状分析 | 对调研对象进行深入分类，总结村民小组农宅风貌现状主要特征，分析简明扼要，重点突出。参考《农村住房安全性鉴定技术导则》对农宅进行质量评估与分类等 | |
| | | 利用卫星图绘制村民小组的农宅布局总图，为每栋农宅编号，并标注于总图上。展示各栋农宅实景照片与基本信息，要求照片能展示出农宅全貌，清晰度高 | |
| | | 绘制村庄农宅风貌现状分析图 | |
| 3 | 农宅风貌整治策略拟定 | 分析前期村庄风貌整治策略中建筑专项的策略意向，分析本村民小组农宅风貌现状总体情况，确定本村民小组农宅风貌整治意向。对应现状情况，分类拟定整治策略 | 村庄农宅风貌整治策略图 |
| | | 绘制村庄农宅风貌整治策略图 | |
| 4 | 农宅风貌整治方案制订 | 根据风貌策略，针对每一栋住宅，确定具体整治措施，包括屋面、墙体、墙体装饰构件、门、窗、阳台栏杆、空调室外机、立面遮阳及其材料、色彩等。小组合作完成整治后的两栋农宅立面整治草图，要求两栋农宅风貌统一 | 村庄农宅立面改造方案图（两份）、项目二汇报 PPT |
| | | 绘制村庄农宅立面改造方案图（两栋房子），制作本项目的汇报文件 | |

## 项目三　村庄景观空间营造设计指导书

### 1. 实训目标

通过对某村村庄景观空间风貌进行分组调研和现状分析，学习人居环境整治中村庄景观空间风貌整治工作的方法，培养"田园乡愁"文化认同，掌握"乡居乡景营建技术"，涵养"敬恭桑梓"乡土情怀，助力村庄景观空间营造独具乡土特色，通过前坪后院整治美化，提升居住空间的幸福感。

### 2. 实训组织

每 3~5 人为一组，分组进行村庄景观空间的调研及资料收集。组内每位组员主要负责一个景观空间类型的调研与资料收集，然后合作重点调研宅旁与庭院景观空间，完成任务后，总结分析，汇总成图和汇报文件（表 8-5）。

实训组织进程表　　　　　　　　　　　　　　　　　　　表 8-5

| 序号 | 实训阶段 | 实训内容 | 阶段成果 |
| --- | --- | --- | --- |
| 1 | 实地调研 | 深入调研村庄景观空间。各自就村庄 4 种景观空间展开深入调查，拍照，走访，问卷等。掌握坑塘河道景观空间、村庄道路景观空间、公共活动景观空间、宅旁与庭院景观空间等各类空间的现状情况 | 村庄景观空间风貌现状分析图 |
| | | 重点调查某一村民小组宅旁与庭院景观空间。了解其空间信息、空间规模、服务人群、空间环境及景观要素等 | |
| 2 | 村庄景观空间风貌现状分析 | 探寻村民小组内部坑塘河道景观空间、村庄道路景观空间、公共活动景观空间、宅旁与庭院景观空间等各类景观空间现状问题 | |
| | | 针对调研村庄，分析村庄景观空间现状问题，分析简明扼要，重点突出 | |
| | | 绘制村庄景观空间风貌现状分析图 | |
| 3 | 村庄景观空间风貌整治策略拟定 | 结合上一任务的分析结果，在宏观方面总结景观空间风貌整治策略的方向，再进一步掌握各类景观空间风貌整治要点，为景观空间风貌整治方案编绘打好基础 | 村庄景观空间风貌整治策略图、项目三汇报PPT |
| 4 | 村庄庭院景观空间风貌整治方案制订 | 在提出景观空间整治策略与要点的基础上，完成景观空间风貌整治方案编绘。以宅旁与庭院景观空间为整治对象，包括方案构思到方案绘制全过程，即完成编制整治策略表、绘制整治总平面示意图、绘制整治效果示意图等 | |
| | | 绘制村庄景观空间风貌整治策略图，制作本项目的汇报文件 | |

## 项目四　村庄道路交通优化设计指导书

### 1. 实训目标

通过对某村村庄现状道路交通布局分析及对某村民小组道路交通问题分析和整治，学习村庄道路系统的特点与分级组成以及交通整治的方法策略和实际运用，培养"田园乡愁"文化认同，掌握"乡居乡景营建技术"，涵养"敬恭桑梓"乡土情怀，助力村民提高生活质量，保障村庄交通安全。

### 2. 实训组织

每 3~5 人为一组，分组进行村庄道路交通现状调研及资料收集，分组合作完成村庄道路交通现状布局分析，分组合作完成村民小组的道路交通现状问题分析和交通整治方案制订，完成任务后，总结分析，汇总成图和汇报文件（表 8-6）。

实训组织进程表　　　　　　　　　　　　表 8-6

| 序号 | 实训阶段 | 实训内容 | 阶段成果 |
|---|---|---|---|
| 1 | 实地调研 | 现场踏勘并收集相关资料，在村域图纸中标记道路等级、功能、走向、宽度、路面情况、道路设施等，对道路进行拍照 | 村庄道路交通现状布局分析图、某村民小组道路交通现状问题分析图 |
| 2 | 道路交通现状分析 | 通过规范学习，调研完成后，合作讨论整理资料，对村庄道路交通现状布局及村庄道路交通现状问题进行分析，包括分析各条道路的等级和功能、道路的宽度、路面材质、道路交通设施等是否存在问题。以文字说明村庄道路系统的构成、布局情况和现状问题，以照片展示道路的现实情况 | |
| | | 绘制村庄道路交通现状布局分析图 | |
| | | 绘制某村民小组道路交通现状问题分析图 | |
| 3 | 道路交通整治策略拟定 | 在村庄道路交通整治策略拟定时，应秉承因地制宜、方便生活、与自然地形和乡村风貌相协调的原则，以突出保护村庄道路格局为主制订策略。一般从道路线型、道路等级、道路材质、道路绿化 4 个方面展开 | 某村民小组道路交通整治方案图、项目四汇报 PPT |
| 4 | 道路交通整治方案制订 | 针对村民小组的道路交通存在的问题，结合道路交通整治策略，因地制宜、实事求是地提出该村民小组的道路交通整治策略。在村民小组图纸上标出整治点的具体位置，以文字描述具体整治策略，以效果图示意整治后的效果 | |
| | | 绘制某村民小组道路交通整治方案图，制作本项目的汇报文件 | |

## 项目五　村庄公共服务配套设计指导书

### 1. 实训目标

通过对某村公共服务设施进行分组调研和整治，学习人居环境整治中公共服务设施完善工作的方法，培养"田园乡愁"文化认同，掌握"乡居乡景营建技术"，涵养"敬恭桑梓"乡土情怀，助力在农村公共服务设施完善过程中凸显村庄特色，提升村民幸福感。

### 2. 实训组织

每 3~5 人为一组，分组进行村庄的公共服务设施现状分析和规划布点。组内每位组员按不同角色进行分工，针对一个村民小组的公共空间，提出整治策略和方案，完成任务后，总结分析，汇总成图和汇报文件（表 8-7）。

实训组织进程表　　　　　　　　　　　　　　　　　　　　表 8-7

| 序号 | 实训阶段 | 实训内容 | 阶段成果 |
| --- | --- | --- | --- |
| 1 | 实地调研 | 根据村庄现状公共服务设施的类型和特点，进行现场调研 | 村庄公共服务设施现状分析图、村庄公共服务设施布点图 |
| | | 确定调研村民小组内需要整治的公共空间的具体范围，应实际测量出其尺寸，空间应该完整 | |
| 2 | 公共服务设施现状分析 | 确定村域范围内现状公共服务设施的类型、位置、规模，并对其特点等进行分析，遴选有代表性的公共服务设施照片 | |
| | | 根据现状公共服务设施分析结果及公共服务设施配置标准，确定需要新增的公共服务设施类型、规模、位置等，进行公共服务设施布点，并对村庄所有公共服务设施配置情况进行列表 | |
| | | 绘制村庄公共服务设施现状分析图 | |
| | | 绘制村庄公共服务设施布点图 | |
| 3 | 公共服务设施整治策略拟定 | 针对村民小组内的公共空间，确定具体整治措施，整治的要点为：场所环境、场所景观、场所铺装和场所设施 4 个方面 | 村庄公共空间整治方案图、项目五汇报 PPT |
| 4 | 公共服务设施整治方案制订 | 充分了解村庄公共空间，制订村庄公共空间整治方案。整治方案包含公共空间现状、公共空间整治方案总平面设计、公共空间整治效果示意、公共服务设施示意引导及公共空间整治方案说明等 | |
| | | 绘制村庄公共空间整治方案图，制作本项目的汇报文件 | |

## 项目六　村庄环卫设施治理设计指导书

### 1. 实训目标

通过对某村环卫工程设施（生活垃圾、污水、厕所）进行分组调研和整治，学习人居环境整治中环卫工程设施（生活垃圾、污水、厕所）布局和方案策略制订，培养"田园乡愁"文化认同，掌握"基础设施提质技术"，涵养"敬恭桑梓"乡土情怀。通过制订适宜的环卫设施治理方案，助力村民生活品质提升，环保意识加强。

### 2. 实训组织

每 3~5 人为一组，分组进行村庄的环卫工程设施（生活垃圾、污水、厕所）的布局和方案策略制订。组内每位组员按不同角色进行分工，针对一个村民小组的环卫工程设施（生活垃圾、污水、厕所），提出整治策略和引导，完成任务后，总结分析，汇总成图和汇报文件（表 8-8）。

实训组织进程表

表 8-8

| 序号 | 实训阶段 | 实训内容 | 阶段成果 |
|---|---|---|---|
| 1 | 实地调研 | 垃圾处理设施：调查村庄地区的垃圾处理设施，包括垃圾桶、垃圾箱、垃圾收集站等。污水处理设施：调查村庄地区的污水处理设施，包括污水处理站、污水处理池、生物池等。厕所设施：调查村庄地区的厕所设施类型、数量、质量等情况，包括传统粪坑、简易厕所、卫生厕所等 | 村庄生活垃圾设施布局图、村庄生活污水设施布局图、农户户厕改造设计引导图、项目六汇报PPT |
| 2 | 环卫设施现状分析 | 村庄环卫设施现状分析是对现状调研的总结。分别对村庄生活垃圾现状、村庄生活污水现状、村庄厕所现状进行客观科学的分析 | |
| 3 | 环卫设施整治策略拟定 | 根据村庄环卫设施现状分析结论拟定村庄环卫设施治理策略，包括制订村庄生活垃圾分类与治理策略、村庄生活污水治理策略、村庄厕所布局引导策略 | |
| 4 | 环卫设施整治方案制订 | 根据生活垃圾配置要求，对现状生活垃圾进行分析，选择需要配置的生活垃圾设施类型，确定设施规模和位置，合理进行布点 | |
| | | 根据村庄某村民小组的生活污水排放和居住布局现状情况，提出适宜的污水处理方式，并布局污水处理设施 | |
| | | 根据村庄户厕现状情况和不同需求，提出较为适宜的户厕类型 | |
| | | 绘制村庄生活垃圾设施布局图、村庄生活污水设施布局图、农户户厕改造设计引导图，制作本项目的汇报文件 | |

## 项目七　村庄水体环境保护设计指导书

### 1. 实训目标

每组合作完成村庄现状水体调研，并针对其中一种水体环境类型进行现状功能和问题分析，制订整治策略方案。学习水体环境现状分析与整治策略制定的方法，培养"田园乡愁"文化认同和"敬恭桑梓"乡土情怀；掌握"乡村水体整治技术"。帮助村庄在农村水体治理过程中找到合理整治措施，增强居住环境舒适感，提升村庄的整体环境品质。

### 2. 实训组织

每 3~5 人为一组，分组进行村庄范围内水体环境类型调研，并针对其中一种水体环境进行现状水体环境调研和资料收集，并选择其水体作为整治对象，拟定其整治方案，完成任务后，总结分析，汇总成图和汇报文件（表 8-9）。

实训组织进程表

表 8-9

| 序号 | 实训阶段 | 实训内容 | 阶段成果 |
|---|---|---|---|
| 1 | 实地调研 | 现场踏勘、选定整治对象，对调研区域内水体进行调查 | |
| | | 对村庄范围内水域进行调研，进行实地拍照，要求标识出水域在村庄内的位置。在拍照前请与村民做好沟通 | |
| 2 | 水体环境现状分析 | 收集本村水体污染的相关资料，通过现状实地调研、网络收集等形式完成 | 水体环境现状分析图 |
| | | 包含两部分内容：一是对村庄范围内水域进行调研并进行分类，标注不同水体的类型、位置、数量；二是选择某村民小组的其中一种水体类型进行水体环境空间的组成分析，并针对现状问题进行描述并附相关的调研照片和文字说明，需图文并茂 | |
| | | 绘制水体环境现状分析图 | |
| 3 | 水体环境整治策略拟定 | 通过现状问题分析，参考相关成功案例，讨论其水体环境整治策略。水体环境整治策略将从水体环境污染整治、水体驳岸整治、水体功能整治展开 | 水体环境整治策略图、项目七汇报PPT |
| 4 | 水体环境整治方案制订 | 要掌握水体环境整治的原则，从整治设计的角度出发，围绕水体环境污染、驳岸整治、功能性整治等方面制订水体环境整治方案。针对村民小组内一种类型水体进行整治，在现状卫星平面图的基础上，制定水体环境整治策略，并进行水体环境方案设计，放置前后整治照片图，以总平面图表达整治方案，以文字表达整治策略 | |
| | | 绘制水体环境整治策略图，制作本项目的汇报文件 | |

## 综合成果展示

　　"村庄人居环境综合整治"课程通过贯穿"敬恭桑梓·用心美村"思政主线的 7 个项目任务的学习实践，以图文结合的方式撰写调研报告、拟定整治策略、编制整治方案，最终形成"望得见山、看得见水、记得住乡愁"的包括图件文件、汇报文件、展板文件的项目学习综合成果（图 8-1~ 图 8-9）。

图件文件（节选）

（扫描二维码查看
图件文件完整成果）

图 8-1　图件文件封面

01-村庄风貌综合现状图
02-村庄风貌现状分析图
　　村庄风貌综合整治策略图
03-村庄农宅风貌现状分析图
04-村庄农宅风貌整治策略图
05-村庄农宅立面整治方案图
06-村庄景观空间风貌现状分析图
07-村庄景观空间风貌整治策略图
08-村庄道路交通现状布局分析图
09-村民小组道路交通现状问题分析图
10-村民小组道路交通整治方案图
11-村庄公共服务设施现状分析图
12-村庄公共服务设施布点图
13-村庄公共空间整治方案图
14-村庄生活垃圾设施布局图
15-村庄生活污水设施布局图
16-农户户厕改造设计引导图
17-村庄水体环境现状分析图
18-村庄水体环境整治策略图

图 8-2　图件文件目录

## 村庄风貌总结

基于湘中传统建筑风格，大多采用大玻璃窗，外墙以白灰为主，增添了双坡屋顶、马头墙、木结构等元素。

## 整治策略意向图

屋面统一采用小青瓦的双坡屋顶，墙体以白色色调为主，采用灰色面砖勒脚，门窗采用仿古门窗花格。

### A 级

质量：房屋结构安全，外立面构件不存在功能性问题。
风貌：农宅风貌完整性好，或仅有外墙饰面脏污或建筑色彩冲突等问题。

**农宅编号**
5、6、10、11、15
**问题：**
建筑立面无风格。
**策略：**
建筑外墙面砖清洗。
建筑外墙粉刷。
建筑风格、色彩与村庄风貌冲突之时，外墙喷漆改色。
外墙局部构件色彩与村庄风貌冲突时，外墙墙漆改色。

### B 级

质量：结构基本满足安全使用要求。外墙、屋面、门窗存在面材剥落，或漏水、渗水等情况，但不影响结构安全。或外墙饰面不完整。
风貌：农宅风貌不完整或无任何外立面装饰。外立面装饰构件存在质量问题。

**农宅编号**
1、2、4、7、14
**问题：**
窗户、雨篷破坏与老旧。
**策略：**
外墙、门窗、门廊等构件修缮。
新增建筑装饰构件。建筑屋顶修缮，修复防水、隔热等问题。采取"平改坡"等方式。

### C 级

质量：房屋外观存在损伤和破坏情况。外墙、柱等部分承重结构主体有开裂等情况，构成局部危房。
风貌：农宅风貌不完整或无任何外立面装饰。外墙、柱、屋面、装饰构件存在较大质量问题。

**农宅编号**
8、9、13
**问题：**
外墙无装饰、损坏及老旧。
**策略：**
对有开裂、倾斜等的外墙、柱等承重结构主体进行加固处理。以策略意图为领导，进行外立面改造。立面改造需考虑农宅整治的要求，并优先考虑本地材料、可再利用资源等。

### D 级

质量：房屋有整体倾斜、变形，承重结构已不能满足安全使用要求，房屋整体出现险情。非有保护价值历史建筑或民居。
风貌：非有保护价值历史建筑或民居。

**农宅编号**
3、12
**问题：**
地基损坏，结构破损，长期空置；部分结构完整。
**策略：**
拆除。
拟定保护完好的传统建筑构件（门扇、窗扇、雕花梁等）、建筑材料的再利用方案。

| 湖南城建职业技术学院 HUNAN URBAN CONSTRUCTION COLLEGE | 任务名称 | 农宅风貌现状分析与整治 | 项目 | 二 | 项目负责人 | 王嘉庆 | | 签字 | 王嘉庆 | | 学校指导老师 | 陈芳 |
|---|---|---|---|---|---|---|---|---|---|---|---|---|
| | | | 任务 | 3 | 技术骨干 | 肖祥剑 | 龙佳俊 | | 肖祥剑 | 龙佳俊 | | |
| **村**\*组村庄人居环境综合整治规划 | 图纸名称 | **农宅风貌整治策略图** | 图号 | 16 | 技术员 | 雷洋 | 刘镇伍 | | 雷洋 | 刘镇伍 | 设计院指导老师 | 隆正前 |

图8-3　图件文件图纸

## 汇报文件（节选）

（扫描二维码查看汇报文件完整成果）

图8-4　汇报文件封面

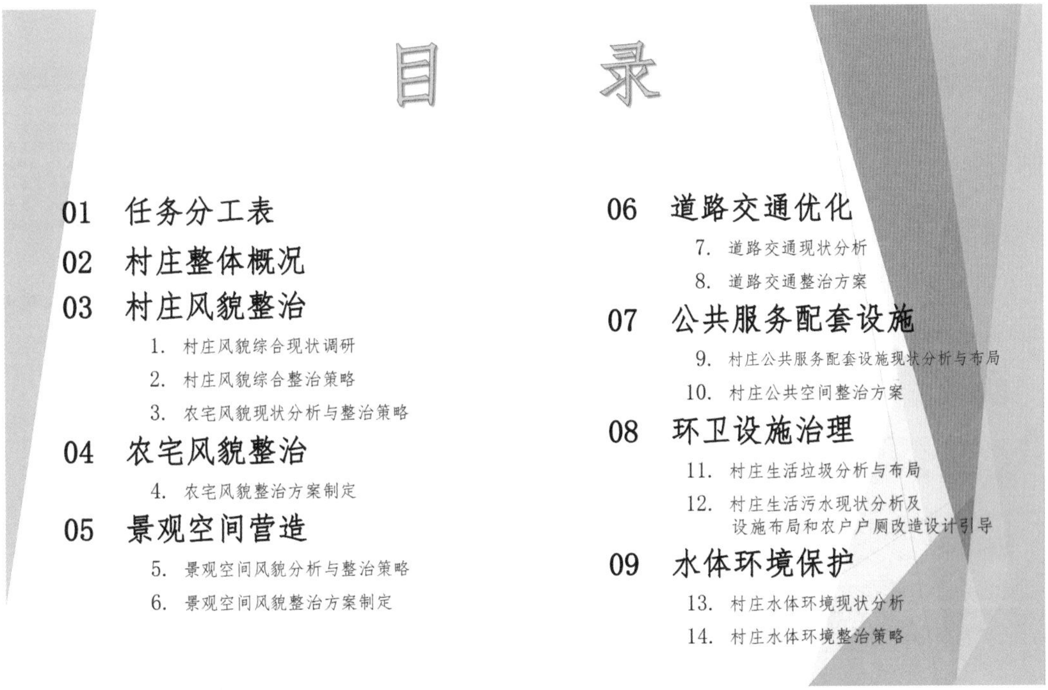

目　录
01　任务分工表
02　村庄整体概况
03　村庄风貌整治
1. 村庄风貌综合现状调研
2. 村庄风貌综合整治策略
3. 农宅风貌现状分析与整治策略
04　农宅风貌整治
4. 农宅风貌整治方案制定
05　景观空间营造
5. 景观空间风貌分析与整治策略
6. 景观空间风貌整治方案制定
06　道路交通优化
7. 道路交通现状分析
8. 道路交通整治方案
07　公共服务配套设施
9. 村庄公共服务配套设施现状分析与布局
10. 村庄公共空间整治方案
08　环卫设施治理
11. 村庄生活垃圾分析与布局
12. 村庄生活污水现状分析及设施布局和农户户厕改造设计引导
09　水体环境保护
13. 村庄水体环境现状分析
14. 村庄水体环境整治策略

图8-5　汇报文件目录

农宅风貌整治策略 -B 级
门窗修缮：拆除有质量问题的窗户，加强窗台防水，改装传统纹样。
外墙修缮：铲除原本大面积剥落外墙，加强基底防水，重筑饰面。
现状
策略　农宅饰面修缮，新增装饰构件，风貌改造
◆结构基本满足安全使用要求。
◆外墙、屋面存在面材剥落，或漏水、渗水等情况，但不影响结构安全。
◆外墙饰面不完整。
◆外立面装饰存在质量问题。
◆以策略图为参考，进行外墙、门窗等构件修缮，建筑外墙、门窗等新增装饰构件。
◆建筑屋顶修缮，修复防水、隔热等问题，可采取“平改坡”等方式。
◆立面整治意向的提出需考虑农宅整治的六大要求，并优先考虑本地材料、可再利用资源等。

图8-6　汇报文件图纸

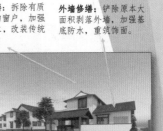

图8-7　展板文件图纸

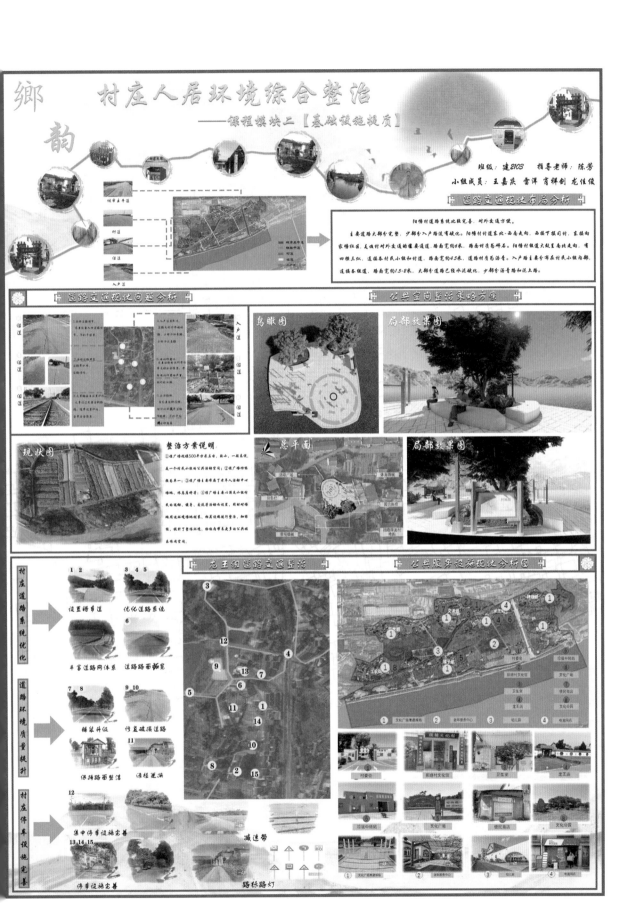

图 8-8　展板文件图纸

图8-9 展板文件图纸

## 田园实践项目案例展示

　　湖南城建职业技术学院建筑与规划类专业师生积极参加"设计下乡"志愿服务活动，近年来共完成二十余个村庄的志愿服务设计项目，主要是农村人居环境设计，包括村庄风貌、建筑设计、农户前庭后院景观、公共空间及标识设计等内容。目前部分村庄设计方案已落地实施。本章节节选其中 6 个实际整治案例，为学习者提供可资借鉴的项目成果和拓展学习的资源（表 8-10）。

案例展示汇总表　　　　　　　　　　　表 8-10

| 案例序号 | 案例名称 | 设计内容 |
| --- | --- | --- |
| 1 | 湘潭湘乡·泉塘村 24 组美丽屋场规划设计 | 农宅风貌整治、农宅前坪后院景观整治、公共景观空间整治、道路交通优化、公共服务配套整治、环卫设施治理、水体环境整治 |
| 2 | 湘乡市龙洞镇和睦村人居环境设计 | 美丽屋场设计、村口空间整治、公共活动空间整治等内容 |
| 3 | 湘潭市阳塘村·村庄人居环境整治规划设计 | 农宅及农宅前坪后院景观整治、公共空间整治、红色文化广场设计、垂钓中心规划设计、公共厕所建筑设计等内容 |
| 4 | 湘乡市东岸村美丽屋场设计 | 公共景观空间整治、道路交通优化、水体环境整治等内容 |
| 5 | 湘乡市东郊乡三湘村"设计下乡"成果 | 农宅及前坪后院景观整治、公共景观空间整治、道路交通优化、水体环境整治等内容 |
| 6 | 湘乡市泉湖村荒塘美丽屋场规划设计 | 公共景观空间整治、农宅前坪后院景观整治、道路交通优化等内容 |

### 案例 1　湘潭湘乡·泉塘村 24 组美丽屋场规划设计

　　湘乡市泉塘镇泉塘村位于县（市）城西郊、镇政府所在地，湘棋公路、320 国道绕城复线以及育泉河穿村而过，地理位置和自然条件比较优越，有 34 个村民小组，2711 余人。

　　本次设计在对第 24 村民小组的现状实地调研分析后，完成了农宅风貌整治、农宅前坪后院景观整治、公共景观空间整治、道路交通优化等内容，以下展示部分设计成果（图 8-10、图 8-11）。

虚拟动画

（扫描二维码查看泉塘村 24 组美丽屋场规划设计动画）

图 8-10　设计成果图

图 8-11　实景图

## 1.1　农宅风貌整治（图 8-12～图 8-17）

| | 整治前实景照片 | 整治后效果呈现 |
|---|---|---|
| 独栋农宅 | <br>图 8-12　农宅整治前实景照片 | <br>图 8-13　农宅整治后效果图 |
| 组合农宅 | <br>图 8-14　农宅整治前实景照片 | <br>图 8-15　农宅整治后效果图 |
| 片区农宅 | <br>图 8-16　农宅整治前实景照片 | <br>图 8-17　农宅整治后效果图 |

## 1.2 农宅前坪后院景观整治（图 8-18~图 8-21）

| 整治前实景照片 | 整治后效果呈现 |
|---|---|
| <br>图 8-18 前坪后院整治前实景照片 | <br>图 8-19 前坪后院整治后效果图 |
| <br>图 8-20 前坪后院整治前实景照片 | <br>图 8-21 前坪后院整治后效果图 |

（农宅前坪后院）

## 1.3 公共景观空间整治（图 8-22、图 8-23）

| 整治前实景照片 | 整治后效果呈现 |
|---|---|
| <br>图 8-22 村入口整治前实景照片 | <br>图 8-23 村入口整治后效果图 |

（村入口）

## 1.4　道路交通优化（图 8-24、图 8-25）

| 整治前实景照片 | 整治后效果呈现 |
| --- | --- |
| 组道  图 8-24　组道景观整治前实景照片 |  图 8-25　组道景观整治后效果图 |

## 1.5　公共服务配套整治（图 8-26～图 8-29）

| 整治前实景照片 | 整治后效果呈现 |
| --- | --- |
| 村民活动广场  图 8-26　村民活动广场整治前实景照片 |  图 8-27　村民活动广场整治后效果图 |
| 村民活动室  图 8-28　村民活动室整治前实景照片 |  图 8-29　村民活动室整治后效果图 |

## 1.6 环卫设施治理（图8-30~图8-33）

| | 整治前实景照片 | 整治后效果呈现 |
|---|---|---|
| 垃圾分类站 | 　图8-30 垃圾分类站整治前实景照片 | 　图8-31 垃圾分类站整治后效果图 |
| 农户垃圾桶 | 图8-32 农户垃圾桶整治前实景照片 | 　图8-33 农户垃圾桶整治后意向图 |

## 1.7 水体环境整治（图8-34~图8-37）

| | 整治前实景照片 | 整治后效果呈现 |
|---|---|---|
| 水塘 | 　图8-34 水塘水体环境整治前实景照片 | 　图8-35 水塘水体环境整治后效果图 |
| | 　图8-36 水塘水体环境整治前实景照片 | 　图8-37 水塘水体环境整治后效果图 |

## 案例2 湘乡市龙洞镇和睦村人居环境设计

湘乡市龙洞镇和睦村位于韶山下，距龙洞镇东北方向 2.8 公里，距毛泽东故居约 8 公里，村庄中部有外环公路、高速公路与铁路穿过，村内若干村道联系各村民小组。地理位置优越，全村共有 17 个村民小组，3120 余人。

本次设计通过现状实地调研分析后，完成了第十四村民小组美丽屋场设计、村口空间整治、正塘庙公共活动空间整治等内容，并提出了村庄环境整治策略，以下展示部分设计成果（图 8-38、图 8-39）。

虚拟动画

（扫描二维码查看湘乡市龙洞镇和睦村人居环境设计动画）

图8-38 设计成果图

图8-39 实景图

## 2.1 农宅风貌整治（图 8-40～图 8-47）

| 整治前实景照片 | 整治后效果呈现 |
| --- | --- |
| 图 8-40 农宅整治前实景照片 | 图 8-41 农宅整治后效果图 |
| 图 8-42 农宅整治前实景照片 | 图 8-43 农宅整治后效果图 |
| 图 8-44 农宅整治前实景照片 | 图 8-45 农宅整治后效果图 |

独栋农宅

续表

| 整治前实景照片 | 整治后效果呈现 |
|---|---|
| 组合农宅 图 8-46 农宅整治前实景照片 | 图 8-47 农宅整治后效果图 |

## 2.2 水体环境整治（图 8-48~图 8-51）

| 整治前实景照片 | 整治后效果呈现 |
|---|---|
| 水塘 图 8-48 水塘整治前实景照片 | 图 8-49 水塘整治后效果图 |
| 图 8-50 水塘整治前实景照片 | 图 8-51 水塘整治后效果图 |

## 2.3 公共景观空间整治（图8-52~图8-57）

| 整治前实景照片 | 整治后效果呈现 |
|---|---|
|  图8-52 村部整治前实景照片 |  图8-53 村部整治后效果图 |
|  图8-54 公共停车场整治前实景照片 |  图8-55 公共停车场整治后效果图 |
|  图8-56 正塘庙整治前实景照片 |  图8-57 正塘庙整治后效果图 |

村部空间

公共停车场

正塘庙

## 2.4 道路交通优化（图 8-58~图 8-69）

| 整治前实景照片 | 整治后效果呈现 |
| --- | --- |
| <br>图 8-58 道路整治前实景照片 | <br>图 8-59 道路整治后效果图 |
| <br>图 8-60 道路整治前实景照片 | <br>图 8-61 道路整治后效果图 |

道路

| <br>图 8-62 道路整治前实景照片 | <br>图 8-63 道路整治后效果图 |
| --- | --- |
| 图 8-64 道路整治前实景照片 | 图 8-65 道路整治后效果图 |

续表

| | 整治前实景照片 | 整治后效果呈现 |
|---|---|---|
| 道路交通安全设施 |  图 8-66 交通警示牌整治前实景照片 |  图 8-67 交通警示牌整治后效果图 |
| 入户路 |  图 8-68 入户路整治前实景照片 |  图 8-69 入户路整治后效果图 |

## 2.5 环卫设施治理（图 8-70、图 8-71）

| | 整治前实景照片 | 整治后效果呈现 |
|---|---|---|
| 垃圾分类站 |  图 8-70 垃圾桶整治前实景照片 |  图 8-71 垃圾桶整治后效果图 |

## 案例 3　湘潭市阳塘村·村庄人居环境整治规划设计

　　湘潭市阳塘村位于岳塘区霞城街道东南部，南临湘江、东临湘潭二大桥，是典型的"城中村"，地理位置优越，现村域总面积 1.82 平方公里，9 个小组共 1400 余人，是全国文明村、全国乡村治理示范村。

　　本次设计在对阳塘村现状实地调研分析后，完成了堆子组场地的整体整治设计及部分区域人居环境整治规划设计，包括堆子组农宅及农宅前坪后院景观整治、堆子组景观空间整治、红色文化广场设计、垂钓中心规划设计、公共厕所建筑设计等内容，其中红色文化广场、公共厕所已按设计施工建成，受到了村民的好评。以下展示部分设计成果（图 8-72、图 8-73）。

虚拟动画

（扫描二维码查看
湘潭市阳塘村村庄人居环境
整治规划设计动画）

图8-72　设计成果图

图8-73　实景图

## 3.1 景观空间整治（图 8-74～图 8-77）

| 整治前实景照片 | 整治后效果呈现 |
| --- | --- |
| | |
| 场地入口景观  图 8-74 场地入口整治前实景照片 |  图 8-75 场地入口整治后效果图 |
| 农宅前坪后院  图 8-76 农宅前坪后院整治前实景照片 |  图 8-77 农宅前坪后院整治后效果图 |

## 3.2 水体环境整治（图 8-78～图 8-79）

| 整治前实景照片 | 整治后效果呈现 |
| --- | --- |
| 水塘 图 8-78 水塘整治前实景照片 |  图 8-79 水塘整治后效果图 |

## 3.3 公共空间整治设计（图 8-80~图 8-85）

| 整治前实景照片 | 整治后效果呈现 |
| --- | --- |
| 红色文化广场 | <br>图 8-80 红色文化广场建设前照片 | 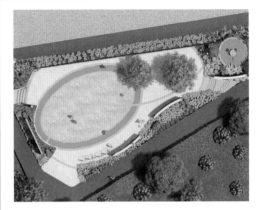<br>图 8-81 红色文化广场设计效果图 |
| 公共活动空间景观 | <br>图 8-82 公共活动空间整治前实景照片 | <br>图 8-83 公共活动空间整治后效果图 |
| 公共厕所 | <br>图 8-84 公共厕所用地照片 | <br>图 8-85 公共厕所设计效果图 |

## 案例4 湘乡市东岸村美丽屋场设计

湘乡市东岸村地处东山街道东大门，毗邻东山湖茅浒水乡休闲度假村，南接易湘红色旅游线，西通湘韶大将路，北倚涟水河风光带，交通便利，环境优美，现村域总面积3.8平方公里，共辖6个村民小组，465户，1900余人。

本次设计在对东岸村现状实地调研分析后，完成了第三村民小组、第五村民小组的美丽屋场设计，包括公共景观空间整治、道路交通优化、水体环境整治等内容，以下展示部分设计成果（图8-86、图8-87）。

图8-86 设计成果图

图8-87 实景图

## 4.1　公共景观空间整治（图 8−88～图 8−97）

| | 整治前实景照片 | 整治后效果呈现 |
|---|---|---|
| 水塘空间 | <br>图 8-88　水塘景观空间整治前实景照片 | <br>图 8-89　水塘景观空间整治后效果图 |
| 公共活动空间 | <br>图 8-90　公共活动空间整治前实景照片 | <br>图 8-91　公共活动空间整治后效果图 |
| | <br>图 8-92　公共活动空间整治前实景照片 | <br>图 8-93　公共活动空间整治后效果图 |

| 整治前实景照片 | 整治后效果呈现 |
|---|---|
| 公共活动空间 | <br>图 8-94 公共活动空间整治前实景照片 | <br>图 8-95 公共活动空间整治后效果图 |
| 文化广场 | <br>图 8-96 文化广场用地现状照片 | <br>图 8-97 文化广场设计效果图 |

## 4.2　水体环境整治（图 8-98、图 8-99）

| 整治前实景照片 | 整治后效果呈现 |
|---|---|
| 沿湖驳岸 | <br>图 8-98 沿湖驳岸整治前实景照片 | <br>图 8-99 沿湖驳岸整治后效果图 |

## 4.3　道路交通优化（图 8-100~图 8-105）

| 整治前实景照片 | 整治后效果呈现 |
| --- | --- |
|  图 8-100　组道整治前实景照片 |  图 8-101　组道整治后效果图 |
|  图 8-102　入户路整治前实景照片 |  图 8-103　入户路整治后效果图 |
|  图 8-104　入户路整治前实景照片 |  图 8-105　入户路整治后效果图 |

组道

入户路

## 案例 5　湘乡市东郊乡三湘村"设计下乡"成果

三湘村位于湘乡市东郊乡境内，村庄距离湘乡市区较近，为近郊村庄，交通便捷，村内南部有国道互通，与新研村交界处有湘黔铁路过境，韶山灌渠从村中经流，村内对外交通联系便利。村内现有 30 个村民小组，1075 户，4210 余人。

本次设计范围北至三湘村村委会、南至三湘新河，其中包含三湘村 19 组屋场、国道 G320 沿线。通过现状实地调研分析后，完成了村委周边村民活动广场规划设计，对第 19 村民小组内 18 户村居前坪后院与部分公共场地进行环境整治，以下展示部分设计成果（图 8-106、图 8-107）。

图 8-106　设计成果图（左）
图 8-107　实景图（右）

### 5.1　公共景观空间整治（图 8-108~图 8-111）

| | 整治前实景照片 | 整治后效果呈现 |
| --- | --- | --- |
| 公共活动空间 | ![整治前] 图 8-108　公共活动空间整治前实景照片 |  图 8-109　公共活动空间整治后效果图 |

续表

| 整治前实景照片 | 整治后效果呈现 |
|---|---|
| <br>图 8-110　公共活动空间整治前实景照片 | <br>图 8-111　公共活动空间整治后效果图 |

公共活动空间

## 5.2　农宅前坪后院景观整治（图 8-112~图 8-115）

| 整治前实景照片 | 整治后效果呈现 |
|---|---|
| <br>图 8-112　农宅前坪后院整治前实景照片 | <br>图 8-113　农宅前坪后院整治后效果图 |
| <br>图 8-114　农宅前坪后院整治前实景照片 | <br>图 8-115　农宅前坪后院整治后效果图 |

农宅前坪后院

## 5.3 水体环境整治（图 8-116~图 8-121）

| | 整治前实景照片 | 整治后效果呈现 |
|---|---|---|
| 水塘 | 图 8-116 水塘整治前实景照片 | 图 8-117 水塘整治后效果图 |
| | 图 8-118 水塘整治前实景照片 | 图 8-119 水塘整治后效果图 |
| 水渠 | 图 8-120 水渠整治前实景照片 | 图 8-121 水渠整治后效果图 |

## 5.4　道路交通优化（图 8-122~图 8-127）

| 整治前实景照片 | 整治后效果呈现 |
| --- | --- |
| <br>图 8-122　国道整治前实景照片 | <br>图 8-123　国道整治后效果图 |
| <br>图 8-124　国道整治前实景照片 | <br>图 8-125　国道整治后效果图 |
| <br>图 8-126　组道整治前实景照片 | <br>图 8-127　组道整治后效果图 |

国道

组道

## 案例 6　湘乡市泉湖村荒塘美丽屋场规划设计

　　泉湖村位于湖南省湘乡市北部，隶属于湘乡市龙洞镇，是中国人民解放军大将陈赓的故乡、全国红色美丽村庄建设试点村，地处韶山市与湘乡市城区连接线中部，区位交通条件十分优越。村域面积 8.4 平方公里，共512 户，1890 余人。

　　本次设计在对泉湖村现状实地调研分析后，完成了泉湖村荒塘美丽屋场设计，包括公共景观空间整治、农宅前坪后院景观整治、道路交通优化等内容，以下展示部分设计成果（图 8-128、图 8-129）。

图 8-128　设计成果图（左）
图 8-129　实景图（右）

### 6.1　公共景观空间整治（图 8-130 ~ 图 8-135）

| | 整治前实景照片 | 整治后效果呈现 |
|---|---|---|
| 池塘、菜地 | <br>图 8-130　池塘、菜地整治前实景照片 | <br>图 8-131　池塘、菜地整治后效果图 |

| | 整治前实景照片 | 整治后效果呈现 |
|---|---|---|
| 菜园 | <br>图 8-132　菜园整治前实景照片 | <br>图 8-133　菜园整治后效果图 |
| 水塘 | <br>图 8-134　水塘整治前实景照片 | <br>图 8-135　水塘整治后效果图 |

## 6.2　农宅前坪后院景观整治（图 8-136～图 8-149）

| | 整治前实景照片 | 整治后效果呈现 |
|---|---|---|
| 农宅<br>前坪<br>后院 | <br>图 8-136　农宅前坪后院整治前实景照片 | <br>图 8-137　农宅前坪后院整治后效果图 |

续表

| 整治前实景照片 | 整治后效果呈现 |
|---|---|
|  图 8-138 农宅前坪后院整治前实景照片 |  图 8-139 农宅前坪后院整治后效果图 |
|  图 8-140 农宅前坪后院整治前实景照片 |  图 8-141 农宅前坪后院整治后效果图 |
|  图 8-142 农宅前坪后院整治前实景照片 |  图 8-143 农宅前坪后院整治后效果图 |
|  图 8-144 农宅前坪后院整治前实景照片 |  图 8-145 农宅前坪后院整治后效果图 |

农宅前坪后院

续表

| 整治前实景照片 | 整治后效果呈现 |
|---|---|
| 农宅前坪后院  图 8-146 农宅前坪后院整治前实景照片 |  图 8-147 农宅前坪后院整治后效果图 |
|  图 8-148 农宅前坪后院整治前实景照片 |  图 8-149 农宅前坪后院整治后效果图 |

## 6.3 道路交通优化（图 8-150～图 8-163）

| 整治前实景照片 | 整治后效果呈现 |
|---|---|
| 组道 | |
| 图 8-150 组道整治前实景照片 |  图 8-151 组道整治后效果图 |

| | 整治前实景照片 | 整治后效果呈现 |
|---|---|---|
| 组道 | 图 8-152　组道整治前实景照片 | 图 8-153　组道整治后效果图 |
| | 图 8-154　组道整治前实景照片 | 图 8-155　组道整治后效果图 |
| 入户路 | 图 8-156　入户路整治前实景照片 | 图 8-157　入户路整治后效果图 |
| | 图 8-158　入户路整治前实景照片 | 图 8-159　入户路整治后效果图 |

续表

| | 整治前实景照片 | 整治后效果呈现 |
|---|---|---|
| 村道 | 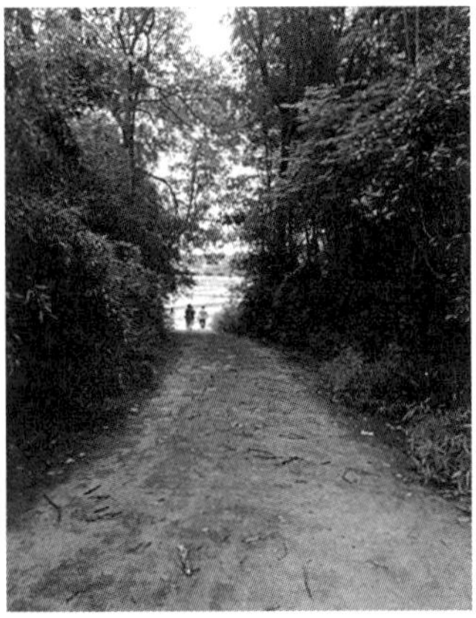<br>图 8-160　村道整治前实景照片 | 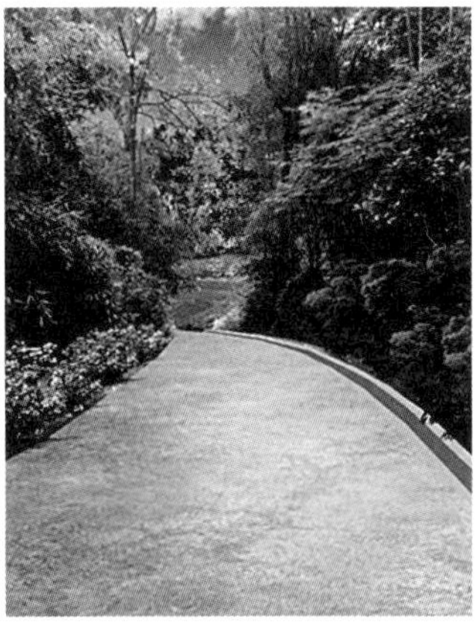<br>图 8-161　村道整治后效果图 |
| | 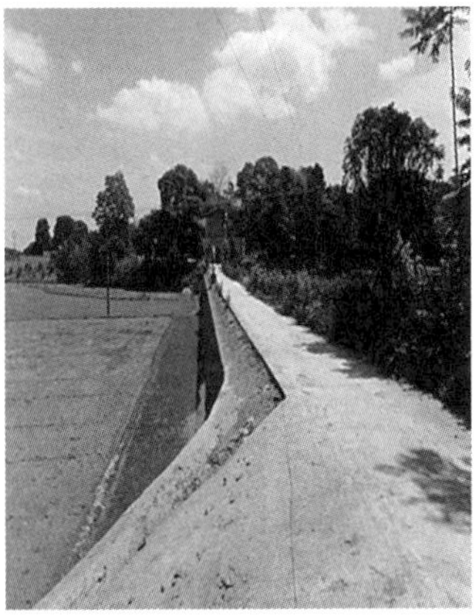<br>图 8-162　村道整治前实景照片 | 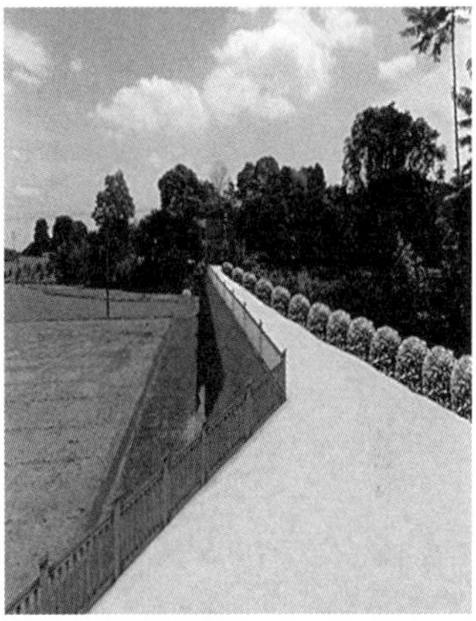<br>图 8-163　村道整治后效果图 |

# 参考文献

项目一参考文献

[1] 广州市国土资源和规划委员会，广州市设计院．广州市村庄风貌提升和微改造设计指引 [Z/OL]．（2018−05−29）[2023−10−16].http：//ghzyj.gz.gov.cn/attachment/7/7435/7435303/2753539.pdf.

[2] 江涛．基于风貌要素控制的广州市村庄风貌规划设计提升思路 [J]. 智能城市，2018，4（10）：70−71.DOI：10.19301/j.cnki.zncs.2018.10.045.

[3] 刘名瑞，江涛，刘磊，等．全要素指引下的广州市村庄风貌管控体系与规划设计策略研究 [J]. 小城镇建设，2021，39（07）：94−103.

[4] 胡玉洁，刘星．实用性乡村风貌规划策略研究——以山东省烟台市为例 [J]. 小城镇建设，2020，38（04）：39−46;87.

[5] 刘滨谊，陈鹏．乡村人居环境风貌评价与优化[J]. 中国城市林业,2020,18(06)：1−8.

[6] 尹以佳．城市边缘区传统村落复兴中的村落设计研究 [D]. 昆明：昆明理工大学，2019.DOI：10.27200/d.cnki.gkmlu.2019.001943.

[7] 高宜程，周俊含．乡村振兴战略背景下村庄风貌设计的八项基本原则 [J]. 城乡建设，2021，（03）：65−68.

[8] SUPDRI．提升乡村风貌开展村庄设计 [J]. 上海城市规划，2020，（03）：82−83.

[9] 左力，李和平，严爱琼．村庄风貌整治规划设计的思考——以重庆市北碚区五新村为例 [J]. 南方建筑，2009，（04）：80−83.

项目二参考文献

[1] 尹怡诚，沈清基，成升魁，等．基于乡土优建理念的设计扶贫路径研究：以十八洞村为例 [J]. 城市发展研究，2021，28（02）：8−14.

[2] 吴亮，徐大为，潘峰．历史保护建筑的地基及墙体加固修缮施工技术研究 [J]. 建筑施工，2019，41（10）：1876−1878.DOI：10.14144/j.cnki.jzsg.2019.10.033.

[3] 福建省住房和城乡建设厅．福建省农房屋顶平改坡设计建造一体化导则 [Z/OL]．（2019−04−29）[2023−10−16].https：//zjt.fujian.gov.cn/xxgk/zfxxgkzl/xxgkml/dfxfgzfgzhgfxwj/jskj_3794/201905/t20190510_4873878.htm.

[4] 广东省住房和城乡建设厅．广东省村容村貌整治提升工作指引 [Z/OL]．（2018−

06−28）［2023−10−16］. http：／／zfcxjst. gd. gov. cn／xxgk／wjtz／content／post_
1404928. html.

[5] 河源市住房和城乡建设局. 河源市农房风貌改造提升指引 [Z/OL].（2020−
7−27）［2023−10−16］. http：／／www. heyuan. gov. cn／hyszjj／attachment／0／12／
12734／387221. pdf.

[6] 沈蓉. 基于城市建筑立面改造的建筑材料应用探讨 [J]. 建筑与文化，2021，
（08）：145−146. DOI：10.19875/j. cnki. jzywh. 2021.08.054.

[7] 水石设计. 低成本整村改造实践：上海奉贤李窑村乡村振兴 [DB/OL].（2022−
03−01）[2022−12−01]. http：／／www. archcollege. com／archcollege／2022／3／50659.
html.

**项目三参考文献**

[1] 肖文波. 面向半城镇化地区更新设计的实地调研框架研究 [D]. 广州：广东工
业大学，2017.

[2] 黄雯婷. 韶山市美丽乡村环境景观整治规划策略与实践 [D]. 长沙：中南林业
科技大学，2018.

**项目四参考文献**

[1] 中华人民共和国交通运输部. 农村公路建设管理办法 [Z/OL].（2018−05−08）
［2023−10−16］. https：／／xxgk. mot. gov. cn／2020／jigou／fgs／202006／t20200623_
3307957. html.

**项目五参考文献**

[1] 中共中央办公厅，国务院办公厅. 中共中央办公厅 国务院办公厅印发《乡村
建设行动实施方案》[Z/OL].（2022−05−23）［2023−10−16］. https：／／www.
gov. cn／gongbao／content／2022／content_5695035. htm.

[2] 张诚，刘祖云. 乡村公共空间的公共性困境及其重塑 [J]. 华中农业大学学报
（社会科学版），2019，（02）：1−7；163. DOI：10.13300/j. cnki. hnwkxb. 2019.
02.001.

[3] 中共中央，国务院. 中共中央 国务院印发《国家标准化发展纲要》[EB/OL].
（2021−10−10）［2023−10−16］. https：／／www. gov. cn／gongbao／content／2021／
content_5647347. htm.

[4] 王晓峰. 乡村公共基础设施建设是乡村振兴的关键 [N]. 光明日报，2021−03−
02（04）.

项目六参考文献

[1] 吴莉鑫，薛映，虞文波，等．南方多雨地区村镇垃圾理化特性分析及对比研究 [J]．环境卫生工程，2021，29（06）：59-66．DOI：10.19841/j.cnki.hjwsgc.2021.06.011．

[2] 朱宁，秦富．农村生活垃圾源头分类的困境及破解对策 [J]．环境保护，2023，51（Z1）：49-51．DOI：10.14026/j.cnki.0253-9705.2023.z1.017．

[3] 唐学军，陈晓霞．农村生活垃圾治理典型模式比较研究 [J]．河北环境工程学院学报，2022，32（06）：51-55．DOI：10.13358/j.issn.2096-9309.2022.0413.06．

[4] 卢美容．乡镇、村生活污水处理政策及工艺探讨 [J]．资源节约与环保，2016，（01）：183；185．DOI：10.16317/j.cnki.12-1377/x.2016.01.150．

[5] 湖南省环境保护厅．湖南省农村生活污水治理技术指南（试行）[Z/OL]．（2020-08-31）[2023-10-16]．http：//sthjt.hunan.gov.cn/sthjt/xxgk/ghcw/ghjh/202008/29485724/files/542bf4a12083482d9ef6f15fda2f39e8.pdf．

[6] 黄志敏．一体化处理设备及技术在农村生活污水处理中的应用分析 [J]．中国设备工程，2022，（01）：40-41．

[7] 农业农村部办公厅，自然资源部办公厅，生态环境部办公厅，等．关于加强农村公共厕所建设和管理的通知 [Z/OL]．（2022-08-08）[2023-10-16]．https：//www.gov.cn/zhengce/zhengceku/2022-08/16/content_5705603.htm．

[8] 农业农村部．《农村三格式户厕建设技术规范》等3项国家标准发布 [Z/OL]．（2022-05-02）[2023-10-16]．https：//www.gov.cn/xinwen/2020-05/02/content_5508223.htm．

[9] 国家市场监督管理总局，国家标准化管理委员会．农村公共厕所建设与管理规范：GB/T 38353-2019 [S]．北京：中国标准出版社，2019．

[10] 全国爱国卫生运动委员会办公室，联合国儿童基金会 unicef．中国农村卫生厕所技术指南 [M]．[出版地不详]：[出版者不详]．[2003]．


项目七参考文献

[1] 湖北清一乡土文化传播有限公司，湖北博克景观艺术设计工程有限责任公司．村庄水体环境建设导则 [DB/OL]．（2019-03-10）[2022-06-01]．https：//wenku.so.com/d/32d5ad164b2dbbf37973981951759915b．

[2] 新湖南·绿色住建．湖南省城市黑臭水体整治典型案例之十：津市市清远观水库黑臭水体整治项目 [DB/OL]．（2021-06-07）[2022-06-01]．https：//m.voc.com.cn/xhn/news/202106/15276448.html．

[3] 中共中央，国务院．中共中央 国务院关于全面推进乡村振兴加快农业农村现代化的意见 [Z/OL]．（2021-02-21）[2023-10-16]．https：//www.gov.cn/zhengce/2021-02/21/content_5588098.htm．

[4] fgjfgj．我国农村水污染现状及防治对策 [DB/OL]．(2022−07−28)[2022−09−05]．
    https：//www.wenmi.com/article/pvbfie02l5ne.html．

[5] 孙艳林．浅谈水环境现状及评价方法 [J]．科技资讯，2012，(21)：120．DOI：
    10.16661/j.cnki.1672−3791.2012.21.078．

[6] 宋扬．杭州市乡村河道景观植物配置模式 [J]．福建林业科技，2016，43 (02)：
    234−237．DOI：10.13428/j.cnki.fjlk.2016.02.045．

[7] 许明金．农村水体污染严重 推进治理迫在眉睫 [Z/OL]．(2015−09−16)[2023−
    10−16]．http：//env.people.com.cn/n/2015/0916/c1010−27589555.html．

[8] 潍坊环森环保水处理设备有限公司．我国农村水污染现状及防治措施 [DB/
    OL]．(2020−06−30) [2022−12−01]．https：//www.hbzhan.com/tech_news/
    detail/665750.html．

图片来源可扫描二维码查阅。

（扫描二维码查看图片来源）

图书在版编目（CIP）数据

村庄人居环境综合整治/陈芳，廖雅静，刘龙主编
. —北京：中国建筑工业出版社，2023.9
高等职业教育建筑与规划类专业"十四五"数字化新
形态教材 住房和城乡建设领域"十四五"热点培训教材
ISBN 978-7-112-29170-0

Ⅰ.①村⋯ Ⅱ.①陈⋯②廖⋯③刘⋯ Ⅲ.①农村—
居住环境—环境综合整治—高等学校—教材 Ⅳ.① X21

中国国家版本馆 CIP 数据核字（2023）第 180304 号

本书依据《农村人居环境整治三年行动方案》（2018年2月）和《农村人居环境整治提升五年行动方案（2021—2025年）》相关要求，在多年的高职相关专业教学、在职乡村规划建设管理人员培训和"设计下乡"助力脱贫攻坚、服务乡村振兴工作实践的基础上，全面系统地总结了村庄人居环境综合整治的主要工作任务、相关技术规范与标准、相应技术方法与措施，帮助学习者正确开展村庄现状调研，以图文结合的方式撰写调研报告、拟定整治策略、编制整治方案、形成学习成果。

本书采用"工作手册式＋融媒体"新形态教材形式，突出工学结合、教学做合一的职业教育类型特征，适应开展项目化、模块化教学实践。与"村庄人居环境综合整治"课程丰富的数字化资源有机融合，将视频、动画、虚拟仿真实训等各类教学资源以二维码形式植入，实现资源易用、易得。结合项目任务的工程案例，注重营建主题式课程思政情境，落实立德树人根本任务、践行教书育人职责使命，使知识传授、技能培养与价值引领同向同行。

本书可作为高等职业院校城乡规划、建筑设计、风景园林设计等专业教学的教材，也可作为乡村建设与管理、设计企业、咨询服务等部门专业人员继续教育用书与参考书，以及供对村庄人居环境综合整治感兴趣的社会学习者使用。

为更好地支持本课程的教学，我们向采用本书作为教材的教师免费提供教学课件，有需要者请与出版社联系，邮箱：jckj@cabp.com.cn，电话：（010）58337285，建工书院：http://edu.cabplink.com。

责任编辑：杨 虹 周 觅
责任校对：赵 力

高等职业教育建筑与规划类专业"十四五"数字化新形态教材
住房和城乡建设领域"十四五"热点培训教材
村庄人居环境综合整治
主 编 陈 芳 廖雅静 刘 龙
主 审 刘海波
＊
中国建筑工业出版社出版、发行（北京海淀三里河路9号）
各地新华书店、建筑书店经销
北京雅盈中佳图文设计公司制版
北京盛通印刷股份有限公司印刷
＊
开本：787毫米×1092毫米 1/16 印张：17 字数：305千字
2023年11月第一版 2023年11月第一次印刷
定价：**66.00**元（赠教师课件）
ISBN 978-7-112-29170-0
（41902）